让生命充满惊奇

生命本应该是一场充满惊奇的旅程，

吴航虹◎编著

北京工业大学出版社

图书在版编目（CIP）数据

让生命充满惊奇 / 吴航虹编著．—北京：北京工业大学出版社，2012.12

ISBN 978-7-5639-3296-2

Ⅰ．①让… Ⅱ．①吴… Ⅲ．①人生哲学—通俗读物 Ⅳ．① B821-49

中国版本图书馆 CIP 数据核字（2012）第 258472 号

让生命充满惊奇

编　　著：吴航虹
责任编辑：韩　东
封面设计：尚世视觉
出版发行：北京工业大学出版社
（北京市朝阳区平乐园 100 号 100124）
010-67391722（传真）bgdcbs@sina.com
出 版 人：郝　勇
经销单位：全国各地新华书店
承印单位：唐山才智印刷有限公司
开　　本：787 mm × 1092 mm　1/16
印　　张：17
字　　数：185 千字
版　　次：2013 年 1 月第 1 版
印　　次：2021 年 1 月第 2 次印刷
标准书号：ISBN 978-7-5639-3296-2
定　　价：32.00 元

前　言

生命本是一场充满惊奇的旅程，每个人都会有自己的精彩。但是现实中，却总有这样或那样的不如意，在影响、改变人们的生活，在阻碍、干扰人们的理想。难道人生就该如此坎坷，生命注定暗淡无光？请翻开本书，让这一行行充满智慧的文字为你解惑。

“认识生命本质”解读了生命的奥秘，“体验生命愉悦”诠释了生命的精彩，“培育生命美德”讲演了生命的必修课，“实现生命价值”展望了生命的辉煌前景。

读完本书你就会发现，生命是上天给予人们最珍贵的礼物。人们只有学会欣赏，学会品味，勇敢、豁达地去面对生命中的种种，才能感受到生命的精彩，谱写激情飞扬的人生乐章。

目　录

第四章　实现生命价值……………………………183

第一章 认识生命本质

人们从不同的角度、以不同的方式来感悟生命，但都会通过感悟生命来检讨自己在世界上的生存、生活方式；通过感悟生命来追问生命的意义、追寻生命的价值；通过感悟生命来建构生命的精神家园、信仰基础；通过感悟生命来不断超越自我，走向人生的巅峰。

生命的本质重在平衡

平衡是宇宙间万事万物必须遵循的规则，也是宇宙间一切生命生存、发展、延续内在的本质。

世间万物，都在向着平衡的方向发展，背离平衡，就无法长期存在。

人们常说“生命在于运动”。其实，从根本意义上来说，生命在于平衡。总的来说，生命在于平衡主要体现在营养平衡、动静平衡、心理平衡三个方面。

1. 营养平衡

营养平衡是指饮食合理、营养适度。营养是一切生命的物质基础。

从营养学观点来看，营养平衡就是一日三餐所摄入的各种营养素能够满足人体的生长、发育和各种生理、体力活动的需要。简单来说，就是膳食调配合理，达到膳食平衡的目的。

不同的年龄段，对营养平衡的要求也不同。比如青少年的营养供给，多数应用于生长发育；而成年人尤其是中老年后，身体不再生长发育，但要维持正常的生理、体力活动。因而，在饮食方面如果你每天摄入的营养与你消耗的热量相平衡，形成良性循环，你的健康就有了基础。

现在人们生活好了，吃的也好了，但健康状况却下降了，主要是因摄入的营养大大超过每天的消耗，长期营养过剩导致现代“富贵”病多发。说糖尿病、高血压、心脑血管硬化、脂肪肝等都是吃出来的，一点都不过分。只有合理饮食，重视营养平衡，才能确保健康。

如何做到饮食平衡，原则就是既要保证身体需要，又要注意不能过剩，既要营养全面，又不能太精细。此外做到三餐合理，一般早中晚餐的能量，分别占总能量的30%、40%、30%为宜。当然每个人的情况不同，要因人而异。个人都有个人的生活习惯，要根据自己的代谢需要来进食。究竟代谢需要是多少呢，这很难回答，但也很好回答。究竟要多少，你自己的食欲就会告诉你，是饿了还是饱了，是特别想吃还是不愿进食，这些都是你自身在进行自然选择。不要随便节食，但进食也不能过量；不能偏食挑食，但也不用逼自己吃那些不喜欢的食物。

饮食，既有食的概念，又含饮的概念。“饮”就是指日常饮进的水分，食物营养等在身体里要新陈代谢，必须要有水的参与才能反应。因此必须要保证身体有足量的水分，但也要维持一个平衡，水分过量也不行。众所周知，人身体的75%至80%是由水组成的，最明显的就是血液、唾液、泪液等；排出的水分如尿液、汗液、痰涎等。如果人体内水分过量，导致这些体液浓度下降，轻则影响身体机能，重则危及生命。要维持水分的平衡就必须饮进适量的水并且通过健康的饮水途径。饮水的途径既有饮茶、饮水、喝汤等，也包括进食食物中的水分，以及水果等所含水分。现在世界卫生组织将“饮”进行了分等，绿茶排在首位，由此可见我国的饮食文化博大精深。

总之，要吃出平衡、吃出营养、吃出健康。绝不能按个人口味、嗜好或美容美体而破坏营养均衡。

2. 动静平衡

动静平衡是指身体要处于动静平衡状态。强调以动养身，以静养心，适度运动，松弛神经。

动则灵活，动则有力。所谓动，既包括体育锻炼，也包括跳舞、散步、旅游、健身、骑车等。就是说要经常活动，不能老关在屋里闷坐，更不能在麻将桌上久坐。

但是动要适度而不是过度，如何掌握？这里提出四条原则：

（1）因人制宜。根据个人的体质和爱好选择运动项目，或者选择自己目前能够胜任的锻炼项目，不要盲目地照搬别人的经验或项目。比如一些心血管病人就不宜选择运动量过大的项目。

（2）要量力而行。要根据个人的身体进行科学锻炼，把握好运动的尺度，也就是说要结合自己平常的身体状况和作息时间。

（3）要循序渐进。开展锻炼，刚开始运动量不要过大，适应一个运动量之后再慢慢增加。

（4）持之以恒。采用适合自己的运动方式，长期坚持就可以增强体魄，抗御疾病的侵袭，长期坚持就是胜利。

当然，我们所说的"动"，绝不仅限于体育运动，还包括智力运动。所谓聪明在脑，健康在脚。人平时多动动脑子思考问题，头脑衰老得就慢。此外，平时做一些手工类的活动，能保持大小关节的灵活性；平时参加一些歌唱、诗歌朗诵辩论类的活动，既陶冶了情操又使思维敏捷；平时多出去走走，不要老将自己关在家里，旅游是缓解压力最有效的方式。

生命除了要运动外，也离不开静养，尤其是心情的静养。最基本的要求就是每天经过整天的工作、活动后，必须保证充足的睡眠，来修补白天活动造成的体力和精神损耗。其次每天进行体育锻炼应有一定的间歇，要注意中途休息，绝不能一意孤行，透支体力。子曰："文武之道，一张一弛"。意思就是做任何事情、必须有劳有逸、劳逸结合，不能凭着兴致一味地蛮干。比如练太极拳、瑜伽等，都讲究呼吸的协调，就是指在练的时候要保持一个相对静的状态，而且环境也相对要静，其目的就是要使身心如一，做到动静结合，这才能真正起到养生的作用。

此外，美国哈佛医学研究院研究证明，安静冥想，能改善大脑活动、代谢、血压、呼吸、心率；使血压下降，有效地改善心肺功能；能使人精神放松，肌肉放松，焦虑减轻，对于防治各种疾病大有好处。静养的重要性由此可见一斑。安静冥想的方法是：平卧或静坐，以鼻深吸气，让肺部充满空气，腹部鼓起，吸气过程用鼻息念“嘻”，再缓缓呼气以嘴默念“哈”，直到肺部气体完全排空，同时配合两手的缓慢柔和的运动，或合掌、或抱拳都可以，每天练 10 ~ 30 分钟即可。

3. 心理平衡

心理平衡是指内心世界的和谐状态。人的心理平衡与否，对人体健康影响很大，要时刻保持好心情、好心态。

如果人只有机体的、生理的健康，没有心理的健康，这是不完全的、不正常的健康。而且心理的不健康，还会引发精神类疾病和其他的疾病。据不完全统计，人 60% 的疾病是由心理和精神因素引起的。为此，保持心理平衡十分重要，时刻保持心理平衡实属不易。

心理平衡关键在于自己，自律自省、学习他人的优点；加强心理修养，提高心理素质；时刻以豁达、快乐、平和、坚韧的心态，对待人和事；不计得失、舒卷自如、心理平衡；做到知足常乐、时刻平和；不大喜大悲，做一个生活的常态者、心理的平衡者、机体的健康者。

生命在于平衡，说大了，是人类存在及延续的根本所在；说小了，是人生的真谛。人类就是通过不断地从平衡到不平衡再到平衡的过程，不断地完善自身、认识自己。

幸福体验靠努力获得

造物主给人的快乐与幸福是一样多的，但为什么有人能经常感到快乐幸福，有人却唉声叹气感慨人生不公呢？关键在于体验。

所谓“幸福”，就是吸一口气是快乐幸福的，喝一口水是快乐幸福的，听一首歌是快乐幸福的，看一片云是快乐幸福的。人生的终极目的，就是获得一种幸福的感觉。

在我们一生中，步行是快乐幸福的，乘车是快乐幸福的；工作是快乐幸福的，休息是快乐幸福的；站着是一种快乐幸福，坐着是一种快乐幸福，躺着是一种快乐幸福；工人生产一件产品、老师教出一批学生、医生救活一个病人、乐师创作一首歌曲、作家写出一篇稿子、画家画出一幅画……都能感觉到快乐与幸福。生命的每一种状况都是一种体验、一种享受，与快乐紧密相关。

事实上，有时我们很难说清大人幸福还是小孩幸福，是穷人幸福还是富人幸福，是男人幸福还是女人幸福，幸福只有自己最清楚。幸福掌握在自己手中，决定幸福的主因不是金钱、地位、名望，而是自己的感觉，自己是否能充分理解生命、品味生命、享受生命，这才是关键。

活着就是为了生活更快乐，更幸福，而幸福的生活是要自己努力争取来的。人为了追求自己的幸福，就有了为之奋斗的欲望，为了人生的奋斗目标人必须使自己努力工作，在工作中寻找乐趣，让单调乏味的工作充满生趣，使自己无忧无虑，身心健康，生活和平而安逸，快快乐乐过好每一天。

1. 要树立正确的人生观、世界观

人为万物之灵，这是因为人具有思维能力，即人所独有的极其复杂、丰富的主观内心世界，而它的核心就是人生观和世界观。

一个人如果没有信心、斗志、毅力，那他就会在困难面前退让，在挫折之后止步，最后其人生只能是举步维艰。因此，为了使自己的生活更幸福，我们必须树立人生的奋斗目标，而后尽自己最大的努力去实现这个目标。

如果有了正确的人生观和世界观，一个人就能对社会、对人生、对世界上的万事万物持有正确的认识，能采取适当的态度和行为反应；能使人站得高，看得远，做到冷静而稳妥地处理各种问题。

2. 不要对自己过分苛求

人生就像一架飞机，飞得多高并不重要，重要的是要平稳落下。不对自己过分苛求，才能让你的人生过得安稳。

（1）确立符合自己能力的目标。有些人做事要求十全十美，对自己的要求近乎吹毛求疵，往往因为小小的瑕疵而自责，结果受害者还是自己。为了避免过多的挫折感，应该把目标和要求定在自己能力范围之内，懂得欣赏自己已有的成就，自然心情会舒畅了。

（2）对他人期望不要过高。很多人把过多的希望寄托在他人身上，若对方达不到自己的要求便会大感失望。其实每个人都有自己的思想、优点和缺点，何必一味强求别人必须迎合自己的要求呢？

（3）从大处着眼。做大事的人处事往往是从大处看，而那些无见识的人才会总向小处钻。因此只要大前提不受影响，在小处有时亦无须过分坚持，既能减少自己的烦恼，又能把节省下来的精力用在更重要的地方。

（4）为别人做点事。助人为快乐之本，帮助别人不单使自己忘却烦恼，而且可以确定自己的存在价值，更可以获得珍贵的友谊，何乐而不为呢？

（5）在一时间段内只做一件事。美国心理辅导专家乔奇博士发现，构成忧思、精神崩溃等疾病的主要原因是患者面对很多急需处理的事情，精神压力太大而引起精神上的疾病。要减少自己的精神负担，不应同时处理一件以上的事情，以免心力俱疲。

（6）不要处处与人竞争、攀比。有些人心理不平衡，完全是因为他们太爱竞争，使自己经常处于紧张状态。其实人之相处，应该以和为贵。

（7）对人表示善意。我们经常被人排斥是因为人家对我们有戒心。如果在适当的时候表现自己的善意，多交朋友，少树敌人，心境自然会变得平静。

（8）适当娱乐。娱乐是消除心理压力的最好方法。娱乐方式不太重要，最重要的是要令心情舒畅。

3. 学会自我调控情绪

积极向上的情绪状态，使人心情开朗、轻松惬意、精力充沛、对生活充满热情与信心。因此生活中应避免不良情绪的发展，遇到不顺利的事，要换个方法、变个方式思考，你将大有收获。

（1）疏导情绪。当我们勃然大怒时，会做出很多错事或失态的事。与其事后后悔不如事前加以自制，不如把愤怒转移至另一方面，如打球和唱歌之上，练就一种“阿 Q 精神”。

（2）做喜欢做的事情。在生活受到挫折时，便应该暂时将烦恼放下，去做你喜欢做的事，如运动、睡眠和看书等，等到心境平衡时，再重新面对自己的难题。

（3）向朋友、亲人倾诉，以疏散郁闷情绪。积极参加集体活动，搞好人际关系，与人倾诉时你就会发现：快乐加倍，苦恼减半。

（4）对世俗复杂环境能避开的就避开，不要轻信别人的胡言乱语，人要有自己的主见。你要有坚定的信念，自己当机立断，远离小人；要相信自己的能力，相信自己一定能将工作做得更好。只有这样做，你的事业才会成功。

4. 保持乐观的心态

乐观是心胸豁达的表现，乐观是人际交往的基础，乐观是工作顺利的保证，乐观是避免挫折的法宝。

乐观是最为积极的性格因素之一。保持乐观的心态，那么无论身处困境还是饱受挫折，你都会坚信一切不好的事情都会过去，明媚的阳光总会再来。

乐观的心态，将使你的心理年龄永远年轻。当你朝着奋斗的目标迈进时，你会充满愉悦与自信。保持乐观的心态，快乐将永远与你相伴！

请你这样设想：风铃的浪漫，往往勾起人们对美好生活的向往；驼铃的深沉，往往激起人们对锦绣前程的憧憬；手机铃声的响起，让你知道有人在天天关心你，你的每一天都是这样开心，这样愉快！

生命奇迹取决于信念

坚定不死的信念，就会拉长生的希望，使死神望而却步，创造生命的奇迹。

生命依靠什么支撑？诚然，物质的因素是主要的，但精神的力量也不容忽视。有位诗人说得好："信心是半个生命，淡漠是半个死亡。"在生命的旅途中，我们常常会遭遇各种挫折和失败，会身陷某些意料之外的困境。这时，不要轻易地说放弃，其实只要心头不熄灭一个坚定的信念，努力地去找，总会找到帮助自己渡过难关的那坚强信念，握紧它，就没有穿不过的风雨、涉不过的险途。

被誉为铁人和抗癌英雄的徐州彭城五交化工公司经理韩玉亭，曾动过14次大手术，切除过六种恶性肿瘤，切除了子宫和部分肋骨，切掉了胃、肺、脾、胰等部分，二十余年过去了，如今她还在工作岗位上，顽强地、健康地、潇洒地活着。她向社会介绍她的抗癌"五心"术，第一条就是"信心"。她说："我每次动手术都坚信不会死，我身体很好，能度过这一关。"有了这种信念，有了这种自信，何惧那病魔张牙舞爪。

著名的二胡演奏家闵惠芬，她演奏的《二泉映月》曾倾倒了千万听众，可是，正当她在艺术道路上不断攀登时，恶性黑色素瘤找上了她。她先后接受了6次手术，15次化疗，在医护人员的精心治疗和鼓励下，她一次又一次击退黑色素肿瘤细胞的侵袭，三次阻断肿瘤细胞的转移。在漫长的治疗过程中，她以坚韧的毅力忍受癌症带来的种种痛苦和精神折磨。腋下手术后，手不能抬起，臂不能伸展，她仍咬紧牙关，坚持锻炼恢复体力和臂力，为的是重返舞台。6年后，她的愿望实现了。这生命的奇迹，闪耀着人类任何疾病都不能摧毁的意志与信念的光辉。

……

无数事实证明，生命因为坚信而变得坚强，因为希望而变得坚韧，因为活下去的信念而变得有力。生的信念就是生命的支柱，求生的欲望就是自救的方舟。只要有了生命的信念，即便是在灰暗的季节都会出现彩虹；只要有了生命的信念，任何巨大的困难都阻挡不了前进的脚步；只要有了信念，再迷茫的人生都有航标……

或许生命什么都可以缺，譬如失去一只眼睛或者失去一条健全的腿，但就是不能失去信念。

人们常说："一个人最大的敌人就是自己。""其实谁也没法把你打倒，能打倒你的只有你自己。"所以，每一个人即使身陷绝境、濒临死亡的边缘也不要泄气，千万不要说自己不行，要相信自己，拥有坚定的信念才能从不行到行，拥有坚定的信念才能超越自己，只有这样，你的生命才能创造奇迹！

人生成败取决于态度

人生有两条道路：一条是愁云惨雾，另一条是阳光灿烂。如果你想健康，就要积极看待事物。人生能否创造奇迹，在很大程度上取决于用什么态度进行选择。

作为指导人们如何追求幸福生活的学科——近年来兴起于美国

的积极心理学，其研究已经被证实，“和一般人相比，那些具有积极观念的人具有更良好的社会道德和更佳的社会适应能力，他们能更轻松地面对压力、逆境和损失，即使面临最不利的社会环境，他们也能应付自如。”

所谓“积极观念”，就是积极主动地去面对眼前的客观事物。拥有积极的心态就等于成功了一半，积极的人就像太阳，照到哪里哪里亮。那些经常带着快乐、热爱、兴奋、感激和平静等积极向上情绪的人往往能够长寿。即使生病，心态乐观的人往往比那些遇事悲观的人恢复得更好。这一切都是因为思想也是一种能量，消极的思想会侵蚀机体的免疫系统，而积极的思想则能为免疫系统补充营养。

励志大师拿破仑·希尔曾讲过这样一个故事：一个星期六的早晨，一个牧师正在为准备第二天的演讲伤透脑筋，他的太太出去买东西了，小儿子由于没人照看一直在旁边吵个不停。牧师随手拿起一本旧杂志，顺手一翻无意间看到一张色彩鲜丽的巨幅图画，那是一张世界地图。他于是把这一页撕了下来，撕成碎片，丢到了客厅的地板上，然后对小儿子说：“强尼，来，把它拼起来，我就给你两毛五分钱。”牧师以为他至少能安静个半天，怎料不到十分钟，他书房就响起了敲门声，“爸爸，我已经拼好了。”儿子强尼喊道。牧师惊讶万分，他怎么能这么快就拼好了，而且每一片纸头都整整齐齐地排在一起，整张地图又恢复了原状。“儿子啊，你怎么做到的？”牧师问道。“很简单呀！”强尼说，“这张地图的背面有一个人的图画。我先把一张纸放在下面，把人的图画放在上面拼起来，再放一张纸在拼好的图上面，然后翻过来就好了。我想，假使人拼得对，地图也该拼得对才是。”听完，牧师忍不住笑了起来，立马给儿子两毛五的镍币。“儿子呀，你把明天演讲的题目也给了我了。”牧师说道，“假使一个人是对的，他的世界也是对的。”

故事意味深长，希尔想指出，如果你不满意自己的环境，想力求改变，则首先应该改变自己的心态；假如一个人有积极的心态，那么他四周所有的问题都将迎刃而解。

我们认为自己好，自己就会更好；认为自己坏，自己就会更坏。所有我们生命中的痛苦和愉快，都完全是自己造成的。我们所思所想的“因”，就是在创造将来的“果”。别忽略我们的一思一想，一言一行，那些我们所思所想，所说所做的，都在创造我们的未来。

对自己制造的一切，我们不能将责任推给别人，责备别人；我们应该知道，如果有错，错在自己。没有人，没有地方，也没有任何事物具有超出我们自己的力量，因为“我”是自己唯一的思考者。当我们在自己的头脑中创造宁静、和谐与平衡时，我们将发现它们同样存在于我们的生活中。

人们常常讲以下的两句话，你不妨想想，哪一句话是你自己也常说的？这两句话是：“所有人都对我别有用心，不怀好意。”“所有人对我都有很大的帮助。”别轻视这两个不同句子的力量，它们往往会创造出截然不同的结果，因为我们的生活和我们自己都会变成我们心中所相信的那样。

从另一方面看，我们的潜意识接受我们所相信的一切。既然我们所相信的总会变成现实，那么，我们当然应该选“所有人对我都有很大的帮助。”作为行为准则；而不应该选“所有人都对我别有用心，不怀好意。”来指导自己的行为。

世界总是接受我们自己对自己的评价。如果你坚持相信生命是孤苦的，没有人爱你，那么，你的世界很可能真的孤苦和没有人爱。因为你把自己藏在阴暗处，太阳自然照不到你。

然而，如果你愿意抛弃这种信念，相信“到处充满了爱，人们爱你，你也爱别人”，并坚信这种新的信念，那么你的世界就会变成这样：可爱的人将会走进你的生活，原先就在你生活中的人也会变得更加可爱，你还会发现，别人更容易感受到你对他们的爱。

我们大部分人都有偏执的思想、错误的信念。这并不是在责备谁，因为在某个特定时刻,我们每个人都在尽可能地努力做到最好。但是，如果我们知道自己可以活得更好一些，为什么不尝试用别的方法把自己改变一下，使自己做得更好呢?

大家想一想，一朵玫瑰花开始是一个弱小的蓓蕾，含苞未放时它娇嫩可爱，花朵盛开时它美艳可爱，落花片片时它凄艳可爱。它能在不停地变化中一直保持自身的完美，真值得人们深思。

人的一生随时都在变化中，我们也应该和玫瑰花一样，随时都很完美，随时都很可爱，从婴孩到青少年时期，从中年到老年时期，保持各阶段的完美。有些人或许已经各自尽了自己的力量，以有限的知识、觉察力和理解力，来使自己的生命趋向美好了。可是，结果却还是不尽如人意，这些人又少做了什么呢？

如果你想要彻底清理一间房间，你会把房间里的东西一件一件仔细检查一遍。有些东西是你的心爱之物，你会拂去灰尘将它们擦亮，使之焕发新的容颜；有些东西你认为需要翻新和修理，你会记下来该做哪些工作；有些东西再也没有用处了，该把它们扔掉了，你可以很平静地把陈旧的报刊和废物放进垃圾箱里。

当我们清理自己的头脑时也要如此。不需要因为丢弃一些该丢弃的信条而生气，因为扔掉它们就像吃完饭后用抹布擦净桌上的饭粒那么简单。问问自己，你是否丢弃了昨天的垃圾，准备做今天的晚餐？你是否丢弃了昨天的精神垃圾，准备创造明天崭新的体验？

积极的心态是心智的健康和营养，它能让一个人充满自信、受人喜欢、知足常乐、倍感幸福，更重要的是它还能让人改变自我、改变世界。这并不是什么夸大其词，也不是什么异想天开，因为在人的本性中，始终有这样一种倾向，当我们把自己想象成什么样子，最后往往会变成那个样子。心有多大，舞台就有多大。任何一种励志的学说都笃信或在宣扬人意念的力量是无比巨大的。只要有明确的目标、坚定的信念，再加以积极的心态去创造、去追求，你总能如愿以偿、实现梦想，而这正是一切成功的根本和起点。

当然，积极的心态并不否认消极因素的存在，相反，它教会人们在看待事物时，能清楚地认识到生活中既有好的一面，也有坏的一面，这是不以意志为转移的客观事实。同时，它让人不会因此沉溺其中，面对失败、挫折、误解、意外不会自甘堕落、无所作为，而是及时地调整情绪、心存高远，以乐观、向上、愉悦和创新的态度走出困境，面向未来。

打开心门晒一晒，剔除垃圾，让积极的态度永驻心底，那么，你就可以走向人生的辉煌。

生命的潜力不可限量

世界著名的励志大师卡耐基说："人在身处逆境时，适应环境的能力实在惊人。人可以忍受不幸，也可以战胜不幸，因为人有着惊人的潜力，只要立志发挥它，就一定能渡过难关。"

如果我们带来一个3岁的小孩，把他放在房间中央，我们都开始笑话那个小孩，说他是多么傻，说他永远无法做好任何事情，告诉他应该做这些事情，告诉他不应该做那些事情，在他做错事之后，用更加刻薄的语言来嘲讽他。在我们打击他几次之后，可能我们得到的结果就是：一个被吓坏了的孩子，温顺地坐在角落里，默默地在那里流泪。孩子或许还有一些过激的表现，但无论怎样我们都永远无法知道他的潜能。

如果同样是那个孩子，我们告诉他我们是多么爱他，我们是多么喜欢他的长相，他是多么聪明伶俐，我们喜欢他做事的方式，在他学习的过程中犯了错误也没有关系，之后不管发生了什么，我们都会在这里帮助他。于是，那个孩子的潜能会爆发出来，超出你的想象！

在我们每个人的内心深处，都潜藏着一个"3岁的孩子"。只有充分地关注并真切地热爱这个"孩子"，只有内心平和，才能激发出我们内心的潜能。

你要相信：自从上帝创造了天地万物以来，没有一个人和我一样，我的头脑、心灵、眼睛、耳朵、双手、头发、嘴唇都是与众不同的；言谈举止和我完全一样的人以前没有，现在没有，以后也不会有。虽然四海之内皆兄弟，然而人人各异，我是独一无二的造化。

你更要相信：我是自然界最伟大的奇迹，我不可能像动物一样容易满足，我心中燃烧着代代相传的火焰，它激励我超越自己，我要使这团火燃得更旺，向世界宣布我的出类拔萃；没有人能模仿我的笔迹、我的商标、我的成果、我的能力。从今往后，我要使自己的个性充分发展，因为这是我得以成功的一大资本。

假如我们用了大部分时间去讥笑自己内心深处的这个孩子。然后，我们就会想不明白为什么生活全都一团糟。可是，仔细地想一下：如果你有一个经常批评你的朋友，你还愿意接近他吗？可能你在小时候经常被别人批评，感到特别悲哀。但那是很久以前的事了，如果你现在选择同样的方式对待自己，那么悲哀仍将继续！

当我们真正去爱自己，按照我们原本的样子来接受自己、赞同自己时，生活中的一切就恢复正常了，到处都会出现小小的奇迹。我们的健康状况正在好转，我们的人际关系变得越来越和谐……我们开始用一种创造性的方式表达自己，所有这些会在没有刻意去追求的时候就来到我们身边。

爱自己并赞同自己，这会创建一个安全的空间。信任、价值和承认将在你的头脑里协同起来，在你的生活中创造更多友爱的人际关系，引来更好的工作、更好的居住环境，甚至连你的健康状态也会保持正常。试着赞赏你自己，看看会发生什么。谁如果能够做到使自己的内心处于平和状态，那么他就可以比较充分地发挥个人的潜能。只有了解自己而且内心充实的人，才能达到充分发挥个人潜能的目的。经常检查对你来说什么是好的事情，什么是不好的。每天享受十分钟的安静，对自己进行评价，目的是对自己生活中积极和消极的事情有个更清楚的认识。

人的潜力究竟有多大，多数人恐怕自己也弄不清楚。

在法国一个位于野外的军用飞机场上，一位名叫桑尼耳的飞行员正在专心致志地用自来水枪清洗战斗机。突然，他感到有人用手拍了一下他的后背。回头一看，他吓得大叫一声，拍他的哪里是人，一只硕大的狗熊正举着两只前爪站在他的背后！桑尼耳急中生智，立即把自来水枪转向狗熊。也许是用力太猛，在这万分紧急的时刻，自来水枪竟从手上滑了下去，而狗熊已朝他扑了过来……情急之下，他用尽吃奶的力气纵身一跃，居然跳上机翼，然后大声呼救。

警戒哨里的哨兵听见了呼救声，急忙端着冲锋枪跑了出来。两分钟后，狗熊被击毙了。事后，许多人都大惑不解：机翼离地面最起码有 2.5 米的高度，桑尼耳在没有助跑的情况下居然跳了上去，这可能吗？如果真是这样，桑尼耳不必再当飞行员了，而是当一名跳高运动员，去创造世界纪录。然而，事实确实如此。

后来，桑尼耳也做了无数次试验，却再也没能跳上机翼。

这件事的解释只有一个，那就是桑尼耳激发了自己的潜能，即潜意识。科学家指出，人的能力有90%以上处于休眠状态，没有开发出来。如果我们能多挖掘自己的潜意识，那将会创造一道亮丽的人生风景线。

潜意识和意识是一张纸的两面，而不是各自独立的实体。意识做出的是理性选择，比方说你选择读什么书，住什么地方，还有和什么样的人一起共度一生，等等。另外一方面，你的潜意识则在意识毫不知情的情况下，或好或坏地对你的意识进行指引。

像土地接受农民撒下的种子一样，潜意识总是无条件地接受着一切加诸意识层面的观念。千万记住，潜意识永远都不会知道什么是好什么是坏,它就像一个忠实的仆人,认真地执行意识给它的命令。那些负面和破坏性的想法也隐藏在潜意识里面，而它们迟早会转化为现实，从而改变人生。

心理学家西格蒙德·弗洛伊德在其《精神分析学》理论中首先提出，潜意识，是指潜藏在我们一般意识底下的一股神秘力量，是相对于“意识”的一种思想。又称“右脑意识”、“宇宙意识”,《脑内革命》作者春山茂雄则称它为“祖先脑”。

潜能，也就是人类原本具备却忘了使用的能力，这种能力也可称为“潜力”。而潜能的动力就深藏在我们的深层意识当中，所谓深层意识也就是我们的潜意识。

潜意识聚集了人类数百万年来的遗传基因层次的信息。它囊括了人类生存最重要的本能、自主神经系统的功能以及宇宙法则，即人类过去所得到的所有最好的生存情报，都蕴藏在潜意识里，因此只要懂得开发这股与生俱来的能力，几乎没有实现不了的愿望。

根据专家估算，人类的脑神经细胞数量约有1500亿个，而脑神经细胞受到外部的刺激，会长出芽，再长成枝，也就是人们所说的神经元，它与其他脑细胞结合并相互联络，促使联络网的发达，于是开启了信息电路，然而人类有95%以上的神经元处于未使用状态，这些沉睡的神经元如果能够被唤醒，几乎人人都可以变成"超人"。

如果将人类的整个意识比喻成一座冰山的话，那么浮出水面的部分就是属于显意识的范围，约占意识的5%，换句话说，95%隐藏在冰山底下的意识就是属于潜意识的力量。

就算是爱因斯坦、爱迪生等天才人物，可能一生中也不过运用了他们潜意识力量的2%。因此，任何人不论你聪明才智的高低，成功背景的好坏，也不论你的愿望多么高不可攀，只要懂得善用这股潜在的能力，它就一定可以使你的愿望实现。

潜意识大师墨菲博士说过："只要我们不断地用充满希望与期待的话来与潜意识交谈，潜意识就会让你的生活状况变得更明朗，让你的希望和期待实现"。所以，任何潜能的开发，任何希望的实现，都是依靠你的潜意识。

最宝贵的财富不在别处，就在陪伴我们一生的心灵之中。如果你学会了使用它无所不能的神奇力量，你的人生将会与众不同。因此，在这里有必要说说潜意识的开发问题。

1. 学习有助于开发潜意识

"事事留心皆学问"，学习有助于训练开发潜意识的无限储蓄记忆功能，为我们的聪明才智开辟广阔深厚的基础。这就好比你想建造高楼大厦，就必须储备好各种各样的建筑材料、装修材料、设计知识、建筑技能、各种建筑机械，还有指挥管理技能等。对于一个追求成功与卓越的人来说，应该不断地学习新的东西，给潜意识输进更多的基本常识知识、专业知识、成功知识以及相关的最新信息。

因此，你要大脑更聪明、更有智慧、更富于创造性、更符合现实性，就必须通过学习给潜意识输送更多的相关信息。

2. 训练对潜意识的控制力

由于潜意识是非不分，积极消极、好的坏的统统吸收，常常跳过意识而直接支配人的行为，或直接形成人的各种心态。所以，成也潜意识，败也潜意识。

因此，我们要训练自己，努力开发利用有益的积极成功的潜意识，对可能导致失败消极的潜意识加以严格的控制。训练对潜意识的控制能力，使它为我们的成功服务，而不是把我们导向失败。

具体地说，珍惜原来潜意识中的积极因素，并不断输入新的有利于积极成功的信息资料，使积极成功心态占据统治地位，成为最具优势的潜意识，甚至成为支配我们行为的直觉习惯和超感。

另外，对一切消极失败心态信息进行控制，不要让它们随便进入我们的潜意识中。

遇到消极思想信息时，可采取两个办法加以控制：

（1）立即抑制它、回避它，不要让它们污染你的大脑思想。对过去无意中吸收的消极失败潜意识，永远不要提起它，让它被遗忘，让它沉入潜意识的海底。

（2）进行批判分析，化腐朽为神奇。用成功积极的心态对失败消极的心态进行分析批判，化害为利，让失败消极的潜意识像毒草化成肥料一样变成有益于成功卓越的思想意识。

3. 捕捉潜意识引发的灵感

潜意识蕴藏着我们一生有意无意、感知认知的信息，又能自动地排列组合分类，并产生一些新意念。所以我们可以给它指令，把我们所碰到的难题化成清晰的指令经由意识转到潜意识中，然后放松自己等待它的答案。比如反复下达这样的指令："我该如何开辟这新的饮料市场呢？"还可以把指令化小："我开辟市场的第一步应该怎样走？"等。

有不少人苦思冥想某一问题无果，结果却在梦中，或是在早晨醒来，或在洗澡时，或在走路时突然从大脑中蹦出了答案或灵感。所以我们要随时准备纸和笔，记下突然而来的灵感。这也是那些成功者成就辉煌事业的秘籍。

4. 不断给自己以积极的暗示

不断地想象、不断地自我确认、不断地自我暗示，这样不断地经由你反复地练习，反复地输入，当你的潜意识可以接受这样一个指令的时候，所有的思想和行为都会配合这样一个想法，朝着你的目标前进，直至达成目标。

很多人试了这个方法，没有效果，原因是他们重复的次数还不够多。事实上，影响一个人潜意识最重要的关键，就是要不断地重复，不断地重复，再一次地重复，大量地重复，有时间随时随地不断地确认你的目标，不断地想着你的目标，这样的话，你的目标终究会实现的。

5. 让信心引领你收获“显化”思想的效果

信心是心灵最有力的触媒，当信心结合了思想时，潜意识立即受其悸动，将之转化为精神上的对等力量。信心、爱和性的情愫，是所有正面情绪中最有力的三者。当三者融合为一体时，可以达到立即“显化”思想的效果，并且直达潜意识。

用生命体悟接近真理

每件事物的背后都可能隐藏着不为人知的玄机。因此，对任何一个人来说，培养自己辨别事物的能力，用生命体悟来洞悉事物，将会使我们的认识更接近真相。

生命体悟的深刻内涵，在于以生活的庸碌与平静对生命的思维进行解构。生命体悟看似简单，然而由感性认识开启的理性程序，不仅透过现象看到本质，接近真理，更有益于消除人们对事物产生的忧伤、颓废、厌倦等消极心理。

人的主观臆断，剥离和瓦解了事物的客观属性。比如说“它是真的吗？”这个问题有两个答案：“是”或“不是”。如果你相信它是真的，它就是真的；如果你不相信它是真的，它就不是真的。杯子可以是“半满”的，也可以是“半空”的，取决于你如何看它。

不管问题的答案是什么，都有它的思想根源，而思想根源是可以改变的！

你可能感觉它是真的，也可能看上去它是真的，因为所有这些问题缠绕着我们，欺骗着我们。然而，不管我们处理这些问题是多么困难，我们都应该知道，它们只是内在思维模式的外在结果或外在反映。

如果你不知道是你的什么思想造成了你的问题，你就应该安静地坐着并扪心自问，用自己内在的智慧带领自己找到答案。

我们相信的一些东西是积极有益的。这些思想对我们的整个生命历程都有帮助，比如："过马路，看两边"。

有些思想在开始时非常有用，但是随着我们的成长而变得不再合适了。"不要相信陌生人"对一个小孩子来说可能是一个好的忠告，但是对于成人，继续持有这种信念将造成孤立和孤独。"男孩不哭"和"女孩不乱跑"这些思想酿造了隐藏感情的男人和害怕运动的女人。

比较好的问题是："现在，它对我来说是真的吗？""那种信念是从哪里来的？""我现在仍然相信它，是不是因为我的一年级老师曾经一遍又一遍地告诉我？""如果我丢弃这种信念，我的经济状况是不是会更好？"

如果我们在孩童时期就被教导说世界是可怕的，那么我们听到的每一件事都会和这种观念相符，我们会把它当成真理。比如，"不要相信陌生人"、"晚上不要出去"或者"人们都在欺骗你"，等等。

另一方面，如果我们在小时候被教导说世界是安全的，那么我们也会坚持我们的信念。我们很容易相信到处充满着爱，人们很友好，我拥有我需要的一切。

如果你小时候就被教导“都是我的错”，那么不管发生什么，你都将感到内疚。你的信念会把你变成一个总是在说“对不起”的人。

如果你小时候就学会相信“我没有价值”，那么不管你在哪里，这个信念都会让你处于下游。当别人忘记去注意你的时候，你会感到你是一个不敢有所作为的人。

你小时候是不是有人教你“没有人爱我”？如果是，那么你注定要孤独寂寞。即使在你的生活中好不容易与人建立了朋友关系，也一定是短暂的。

你的家人是不是曾经告诫你“家里物品总是很匮乏”？那么我确信你经常会感觉橱柜里好像什么东西都没有了，或者发现你只是在打发日子，或者你总是陷入债务之中。

上面这些想法，如果你相信它们，它们看上去就是真的。

大部分人都会跟随他们父母的思想，但是我们并不一定要继续这样，法律并没有规定我们只能按照一种方式去思考。事实上，我们的生活和经历会完全不同，我们的思想可能完全不同。不管我们选择相信什么，对我们来说都有可能变成真的。

如果你忽然陷入经济困境，那就表明在你思想的某个层面，你相信自己会入不敷出，相信自己只能背上债务，相信自己从此不再会遇到好事，幸福生活从此离你而去，或者像我们经常听到的那样：“我不可能赢了！”

如果你感觉没有能力建立好的人际关系，你可能相信“没有人理我！”“人们总是伤害我！”或者“我是不可爱的！”

如果你的身体不好，你可能相信：“疾病缠上我了！”或者你认为你是恶劣天气的牺牲品,或者你相信“我生来就是受苦的命!”“我总是祸不单行!”

有很多人有了忧伤、颓废、厌倦的消极思想，自己却并不知道，而且还有很多人确实不知道他们自己的信念是什么。就像觉得饼干咬过后一定会碎一样，他们只看表面现象，只会相信自己的直觉。除非有人能够为你揭示外在体验和内在思想二者的联系，否则你仍然会是生活中的牺牲品。

我们时常说“我一直就是这个样子”，或者“事情就是这样，不可能改变”。这些话表明我们相信的对我们来说就是真的。平常我们所相信的，原本是别人的意见，但我们把很多别人的意见，都放入了自己的信念系统之中。这些信念就和我们其他的信念混合在一起，成为了自己的信条。

你是不是也和许多人一样，如果早晨起来看到窗外下雨了，就会说:“啊，多么令人讨厌的一天!”其实这一天并不是令人讨厌的一天，这只是一个雨天。如果我们穿对了衣服并且转变观念，我们就能获得很多雨中的乐趣。如果我们的信念就是“下雨天是讨厌的”，那么我们就会经常用灰暗的心情去迎接下雨的天气。我们会和那一天“战斗”，而不是让那一天随着雨水自然流淌。

如果我们想过快乐的生活，我们就必须去想快乐的事情；如果我们想过富裕的生活，我们就必须去思考财富的本质；如果我们想得到充满爱的生活，我们就必须追求爱的真谛……我们输出的思想或语言会以同样的形式返回我们这里。

记住:你是自己世界的主宰!你选择什么样的观念，就会收获什么样的现实，因为需要你思考的只有你自己。你是你自己世界的主宰！你过去的思想和信念造就了现在的时刻，你现在所选择的信念、思想和语言将创造你的下一时刻。

每一个时刻都是一个新的开始，此时此刻对你来说就是一个新的起点。在这个新的时刻，你的问题对你来说将不再是问题，你的烦闷都会变成过眼云烟，改变从现在开始！

捕捉我们的思想并不容易，因为它们转瞬即逝。但是，我们可以很容易、很清楚地听到我们所说的话。一旦你听见自己正在表达某种消极的语言，就把这句话立刻停下来，因为你的语言代表着你此时消极的情绪。试问一下，如果你的思想真的能造就你的生活，你愿意你刚刚想过的东西变成真的吗；如果你是在忧愁、生气、伤心、害怕或者思考着复仇，你是否愿意它们再度回到你这里来？

假设你在一家自助餐厅，或者在一家高级宾馆的小卖部，你可以选择自己喜爱的食物，同样，在你自己的世界里，你也可以挑选所有你想要选择的思想。这些思想将造就你的未来。

现在，如果你选择那些将使你感受忧伤、颓废、厌倦的思想，那实在是太愚蠢了，就好像你选择那些总是使你生病的食物一样。我们可能会选错一次两次，但是一旦我们认识到是哪一种食物对我们的身体有损害，我们就要远离它。对于思想来说也是一样，让我们远离那些曾使我们出问题或让我们感受痛苦的思想吧。

大脑是你可控的工具

人类的大脑是可以自控的，每个人都拥有属于自己的思维模式和思维定式，而你的大脑就是一个可以按照你自己想要的方式随意使用的工具。

你是否认为自己的头脑是可自控的？其实，你能控制你的头脑、你能无条件地使用自己的头脑。你的内心具有难以置信的力量和天赋，它们经常会对你所想和所说的作出反应。如果你学会通过有意识地选择思想的方式控制你的大脑，你就与自身的力量结成了联盟。

当你的旧思想试图回来并对你说："改变实在是太困难了！"你应该控制住头脑，对自己说："我现在选择相信'改变对我来说变得越来越容易了'。"你可能要好几次与自己的心灵进行这样的对话，然后你会认识到你可以控制你的头脑，你的头脑已经不再说以前的话了。

你所选择的思维模式造就了你的经历。你可能会想你的大脑是一部电影放映机。但是这只是因为你训练了你的大脑，让它以这种方式思考。对于你自己的这个工具，你可以选择不训练或者重新训练。如果你相信那是一个难以改变的习惯或信念，那么你所选择的信念最终会在你身上变为现实。如果你愿意选择相信"对我来说改变很容易"，那么你的这种选择最终也会在你身上实现。

你现在使用大脑的方式只是一种习惯。而任何习惯，如果你想要改变的话都能改变。即使我们知道它改变的可能性不大，但只要我们努力，最终它都会改变。

世界上有很多先进的思想和优秀的理念，如果我们不去应用它们来改变我们的生活，它们对我们来说就毫无意义。而对于一个非常注重实际的人来说，他总是想知道如何去具体而有效地做一些事情来使生活更美好。这就要求我们培育丢弃消极信念的愿望，控制自己的头脑，学习如何宽恕自己、宽恕他人，给自己一个自由的舞台来展现你的人格魅力。

有时，当我们丢弃旧的自我时，我们的生活可能会乱上一阵子，比如：我们正在努力使自己变得富裕，但却因为心力交瘁而丢了钱包；我们正在努力增进人际关系，但却因为交流不当和某个人打了一架；我们正在努力提高健康水平，可是运动之后没有及时换衣服结果感冒了；我们正在努力表现我们的创造天赋和活力，可是我们被解雇了……其实这些并不是坏事，而是我们的环境开始改变的信号。只有当问题从各个方面向我们汇集，这时我们才会看到更多，理解更多。

以戒烟练习为例，来看看人是怎样控制自己的大脑的。

假设你正在戒烟，你说："我愿意放弃自己对香烟的'需要'。"并且在你坚持这样做的时候，你可能会发觉有人觉得你不合群，人际关系可能会变得糟糕。但是不要失望，这说明你的戒烟工作开始取得成效了。

你可能会问自己这样的问题："我愿意放弃糟糕的人际关系吗？是不是香烟的烟幕使我无法看清这些关系是多么糟糕？我为什么要创建出这样的人际关系？"这时，你就会注意到吸烟只是症状而不是原因。现在你了解到内在因素，那么就更进一步。你开始说："我愿意放弃对糟糕的人际关系的‘需要’。”

然后你又注意到，你对人际关系感到不适的原因是：其他人好像总是在批评我吸烟。于是，你继续说：“我愿意接受这样的批评。”再然后你开始考虑“批评”，并且似乎看到了那个给别人制造“二手烟”的“烟幕”。

在你对自己一步一步作出声明的时候，你会发现香烟渐渐地不再吸引你了，你生活中的人也不会再批评你。最后，你成功地戒了烟，并因此有了更好的人际关系。

再来看一个训练小孩按时睡觉的练习。

如果你有一个孩子，很长时间以来你都允许他想几点起床就几点起床，想几点睡就几点睡。但是现在你下定决心以后让他每天晚上 8 点上床睡觉，你想象一下第一个晚上他会是什么样子？这个孩子会反抗这个新规定，他会又踢又叫，尽最大努力坚持到最后才上床。如果你这一次对他妥协了，那么他就赢了，而且以后将继续试图用哭闹的办法控制你。但是，如果你平静地坚持你的决定，坚决地对他说这是新的睡觉时间，他的反抗就会减小。于是，两到三个晚上之后，新的常规建立成功。

这个练习旨在说明，你的头脑也是这样的。当你试图改变一些习惯时，一开始它当然会反抗，它不想被重新训练。但是你如果控制着它，专注并且强硬地坚持，那么在很短的时间内新的思维方式就会建立。你将认识到你不再是自己头脑的牺牲品，而是自己头脑的主人！对此，你会感觉良好。

最后来看看身体放松练习。

由于过往的经验和情感会锁在身体里，使我们很是疲惫，这时我们就需要找个方法放松一下。在这方面，身体的放松练习很有效果。身体放松练习包括宣泄、运动及深呼吸等。

如果我们总是为家庭事业两头奔波，没有时间也没有地方来宣泄积压的情感，那么，坐在小汽车里关上所有车窗，然后尖声喊叫，这是一个放松自己的好办法；砸床、踢枕头来释放压抑的愤怒也是一种无害的方式；大汗淋漓地运动一场，比如跑步、打球、游泳都可以宣泄压抑的愤怒。

如果有一段可以暂时放下所有负担的时间，有一个可以摆出各种姿势的靠椅，有一本可以吸引你注意力的书。那么接下来请你做一个深呼吸，并在呼气时，让你的身体放松。让你的头皮、前额和脸完全放松下来，没有必要让你的头部因为阅读而变得紧张；让你的舌头、喉咙、肩膀放松下来，你可以用手臂轻松地握着一本书；放松你的背部、腰腹部和骨盆。在放松你的身体时一定要平稳地呼吸。

而且在你放松时，保持舒适的体位，对自己暗示："我愿意放松，我放松了，我释放出所有的紧张，我释放出所有的恐惧，我释放出所有的内疚，我释放出所有的悲哀，我扔掉所有限制性的思维……我放松了，我平静了，我自己平静了，我平静地面对生活，我是安全的……"

当你完成以上练习时，你的身体是不是有很大改变？如果你正在用身体做，你也就是在用心来做。

把深呼吸练习重复两三遍，体验放松的悠闲。当你感到困难的思想向你逼近的时候就做这个练习。多做几次练习之后，放松就会变成你日常生活的一部分。

进入这种平静状态，你才能更容易把握你的头脑，你才能更加开放地迎接新思想的到来。不需要压力、紧张和抗争，仅仅是放松下来平静地思考就行了。

有效控制大脑，通常需要一些时间才能达到理想结果。你需要慢慢坚持，并且愿意每天给自己一点时间观察自己的变化，这样你才会得到理想的答案。

你的旧思想离你而去，除了如何治疗那些由它们造成的伤害之外，你不必再去考虑它们。因为你现在的思想，此时此刻你所想的，已经完全在你的控制之下。

生命优化遵循优选法

优选是非常重要的法则，它是个人进步的动力，是社会进步的动力，更是种族优化的推动力。它始终不渝地坚持着奖勤罚懒、奖优惩劣的原则，择优而用之。因此，我们要不断地提升自己、迈向优秀。

优选法即最优化方法，就是对生产和科学试验中提出的问题，根据数学原理，通过尽可能少的试验次数，迅速求得最佳方案的方法。优胜劣汰是宇宙间永恒的真理，生命就是一个不断优化的过程。我们要让生命充满惊奇，就要将自己的优秀持之以恒地保持下去。

优秀对人非常有吸引力，它吸引着不少的仁人志士为了不断地完善自己而奋斗不息。在我们的社会中，优秀的人有着伟大的思想和力量，他们是推动社会进步的中流砥柱。为了社会的进步，更为了人类的幸福，我们每个人都应该实现最佳的自我。

优胜劣汰永远是人类社会的发展规律，我们必须做最好的自己，才能经得起各种社会潮流的洗礼，达到心中的目标。历史潮流滚滚向前，大浪淘沙，优秀的人总是顺应时势的发展，在为了公众利益而奋斗的过程中完善了自我。

人生的完美，可以是个状态，可以是个结果，也可以是个追求过程。要优化生命，先得优化我们自己——清理过去，设计未来。

要想优化个体身心素质，提高个体生命质量，那么，发挥心理优势是前提,满足心理需求是关键,善于心理调节是手段。只有这样，才能让珍爱的生命实现“全息健康”。

现代社会最大的浪费不是自然资源的浪费，而是人力资源的浪费。人是世间最宝贵的，可是太多的人生活在浑浑噩噩之中，他们既然与优秀无缘，又如何能充分发挥自身的潜力呢？饱受贫困和愚昧困扰的人很难全面地发展自我。其实，我们国家的进步，在很大程度上都依赖于国民整体素质的提升和群众潜能的充分发挥。

单位里调来了一位新主管，据说是个能人，专门被派来整顿业务，大多数的同仁都很兴奋。可是，日子一天天过去，新主管却毫无作为，每天彬彬有礼地进办公室，便躲在里面难得出门，那些紧张得要死的坏分子开始蠢蠢欲动，又过一段时间后，反而比以前更猖獗了。他哪里是个能人，根本就是个老好人，比以前的主管更容易糊弄。

四个月过去后，新主管却发威了，坏分子一律开办，能者则获得提升。下手之快，断事之准，与四个月中表现保守的他，简直像换了一个人。年终聚餐时，新主管在酒后致辞："相信大家对我新上任后的表现和后来的大刀阔斧，一定感到不解。现在听我说下面这个故事，各位就明白了。"

"我有位朋友，买了栋带着大院的房子，他一搬进去，就对院子全面整顿，杂草杂树一律清除，改种自己新买的花卉。某日，原先的房主回访，进门大吃一惊地问，那些名贵的牡丹哪里去了。我这位朋友才发现，他居然把牡丹当草给割了。

"后来，我这位朋友又买了一栋房子，虽然院子更是杂乱，他却是按兵不动，果然冬天以为是杂树的植物，春天里开了繁花；春天以为是野草的，夏天却是锦簇；半年都没有动静的小树，秋天居然红了叶。直到暮秋，他才认清哪些是无用的植物而大力铲除，并使所有珍贵的草木得以保存。"

说到这儿，主管举起杯来，说："让我敬在座的每一位！如果这个办公室是个花园，你们就是其间的珍木。珍木不可能一年到头开花结果，只有经过长期的观察才认得出啊。"

优秀的人就像这些奇花珍木，总有绚烂的时候。优秀的组织就是既能保证优秀的人才脱颖而出，又要积极创造条件培养更多更优秀的人才。下面的故事会使我们看到优秀人才有多么重要。

一家日本工厂的一台印刷机坏了，自己的工人修了几天没有找出问题，维修师傅最后不得不告诉老板，自己的能力实在是没有办法修好这台机器。

老板于是请来了一位美国工程师帮助解决问题。美国工程师在机器旁边看了看，便拿粉笔在机器的外壳上画了一条线，并对老板说：“打开外壳，在画线的地方检查一下。”工人们按美国工程师的指导操作，果然很快地发现并解决了问题。

老板问美国工程师要多少报酬，工程师开口要1万美元。老板听后很是震惊，他不服气地问：“你只是在机器上画了一条线，就值1万美元？”

美国工程师回答道：“我画那条线只值1美元，但我知道画在哪里值9999美元。”

老板沉默了，他想了一会儿，觉得很有道理，于是欣然开出了支票，并邀请这位工程师对自己的维修工人进行一次系统的培训，报酬是10万美元。

这里讲的不只是技术能创造财富的道理，关键是要指出优秀人才是我们不可或缺的富贵财富。知识经济时代最重大、最根本的变化就是资金让位于智慧。因为智慧可以创造出新的成果和价值，而且带来更多的剩余价值。

优秀势必强大，落后就被淘汰。如果我们没有进步，我们就会在激烈的竞争当中被无情地淘汰。这是无法改变的历史规律。

因此，对生命优化的解读，你需要掌握以下法则。

（1）优胜劣汰是永恒的真理，你要永保胜利，就要将自己的优秀持之以恒地保持下去。

（2）优秀的人有着伟大的思想和力量，他们是推动社会进步的中流砥柱。

（3）优秀的组织就是既能保证优秀的人才脱颖而出，又要积极创造条件培养更多更优秀的人才。

（4）优秀人才永远是我们不可或缺的富贵财富。

这个优选法则,你一定要掌握。因为优选是社会发展的基本规律。人只要具有了优秀的智慧和能力，就有了战无不胜的力量，就会在处理各种错综复杂问题的过程中，一步一步地走向成功。

生死路口的生命智慧

安然逝去，这是很难的工程。首先是观念上的转变，人们要接受死亡的必然。要在自己年富力强的时候,完成对于死亡的整体构想。死亡不是一个可以边设计边施工的项目，我们要未雨绸缪。

每个人都会死。生命之箭一旦脱离了母体，就会向着死亡的目标不断飞去，无论飞多久，命中靶心的结果早已注定。生命是一个向着死亡迈进的过程，这不单是一个抽象的哲学问题，更是每一个处在生与死的路口上的人都应正确认知和解答的课题。

在我们的文化体系中，不论是儒家所讲的“仁义礼智”，抑或道家崇尚的“无为”与“自然”，乃至于佛教的“禅宗”等，都无可避免谈到生死问题。儒家的“入世”主张的是实现自我，创造自我，积极入世的人生观；道家的“超世”观念其主要精神之——“道法自然”证明，道家重视生命的自然本性，生命的意义在于保持生命的本来状态，一切人为的创作将丧失生命的质朴性，因而道家主张人自然而生，自然而死；佛教遁入空门的“出世”观念使其更强调死亡的升华意义，看重涅槃，如《金刚经》所讲“一切有为法，如梦幻泡影，如露亦如电，应作如是观”。从这几方面，我们不难发现儒道佛在生命及生死观念上存着差异，但都对安然逝去有着不同层次上的诠释。

对历史的传承重在现在，那么现在是怎么理解生命的生与死呢？在车水马龙的当今社会，或许传统的儒道佛生死观不能完全运用于现代人的生活，因此，睿智的人们开始寻找其他的解决方法。在这一过程中，许多学者潜心研究生死哲学，相继提出了许多哲学成果，这些智慧的结晶能够帮助我们解决人生问题，在超越生死的观念上有着深刻的现实意义。

首先是在人生问题方面。面对人生的各种困扰、难题，很多人解决不了，甚至于放任或逃避，更有甚者，以结束生命的方式解决生活问题，这都是不明智的选择，都是误解了生命和生活的意义。

以大学生情爱观为例，他们大多局限在生理层面上，贪享一时欢愉，根本没有意识到男女相爱、两情相悦的幸福感主要体现在心理层面，重在精神享受。因此，大学生情爱生活不能从生活感觉的角度出发去恋爱，而应从生命存在的角度出发来恋爱，性欲只是动物本能的产物，而爱情才是文明的产物，即“性”是生活感觉之事，

"情"是生命安顿之事。

人生就在转瞬间走过，如同划过夜空的流星，短暂的光辉之后就是永恒的虚无。难道短暂就是生命全部的意义？不是。我们完全可以使生命的宽度更有意义。这正是体现了"人生时光与物理时间不等式原理"。人生活的最大智慧就在于相同的物理时间内，获取更多的生活状态，由此体现人生时光的相对延长。

既然我们明白了这一原理，就要有"宽命之道"的人生态度。每个人拥有的物理时间是定量的，看似平等，却又不平等。因为生命与生活是不同等的，生活也许完结，但生命却没有结束。有些人看似平静地度过一生，却没有延伸自己的人生时光，他们所推崇的平淡逃避现实，浪费时光。只有不断创造的人，他所拥有的人生时光才能够大于其物理时间。创造从另一个层面来讲，也是一种施善，这与佛学里讨论的是一致的。

其次是超越生死方面。"生死"两个词的辩证关系是"生"包含了"死"，"死"意味着"新生"。如此理解，可以减轻我们对死亡的恐惧感，同时能将"死"转化为"生"的动力，使我们更加珍惜生命，善用此生。当我们对死亡的恐惧感逐渐消除后，我们就能走向豁达。明白死亡其实是新生命创生的成长之基，我们也就在意念上告知自己，死亡是一种安息安宁，是永恒的甜蜜梦乡。

事实上，我们生命的"生"是整个过程，"死"只是最后一刻的结局。正如有的学者所说："死不是生活的终止，而是生命的升华。"顺应自然之生理生命，就是对生死哲学规律的遵循。从社会角度理解，我们应该把二者合一，促进自然生命与社会生命的和谐发展；从精神层面理解，我们要努力奋斗，立德立功立言，这样才不是虚度生命，以此获得永恒的精神生命，终将超越死亡。

人在世上，经常要面临死亡的威胁，这就是人的未来的可能性。在“5·12”那个猝不及防的日子，许多生命就在转瞬间还来不及回望就已离去。也许就是因为生命何时终结的不确定性，死亡来得太突然，让人们对死亡充满了恐惧。海德格尔曾经讲过“向死而生”，意指明白了生与死的关系，因而能勇敢地面对死亡，积极地生活。也就是说，当我们面临死亡的威胁，才能真正把自己与他人、社会、集体完全分离开来，从而突然地面对自己，真正认识自己，恰恰此时，才能更深刻地体会其本身的存在，才会在一刹那变成聚精会神于自己存在的人。

对于逝去的生命个体，不要认为它已消失，它仅仅只是作为物理的存在而已不存在。生活的终止不是生命的结束，生命可以永存。正是我们体会了这一点，我们相信可以有超越死亡的生命，我们用哀悼日以及发自真心的祈福，来体现了对生命的尊重。

有了上面这样的认识，我们可以说，生命的全部真相在于无限的张力。“朝菌不知晦朔，蟪蛄不知春秋，”朝生夕死的菌不知一天的情景，春生秋死的蟪蛄根本不知道全年季节的变换，它们都始终不知道有时序，那是因为它们是不会沉思的低级动物。假如人由于看不到过去，看不到未来，就以自己这短暂的一生来衡量生命的深度和广度，那么就限制了生命的张力。

朝菌说生命没有黑夜，我们作何感想？蟪蛄说生命没有春秋，我们作何感想？有人说生命没有前世来世，我们作何感想？

生命本身不存在物理上的生死问题，只存在转化问题。生死是一种假象，那只是把生命载体的生存消亡当成了生命的生存消亡，所谓人死如灯灭，而精神万古存。假如说生命诞生了，死亡了，这是对生命的一种误解。

现在，我们已经可以看到，有些人正走向死亡，那是因为他们的生命被物欲世界所迷失；有些人正在迷途中转悠，那是因为他们的生命中有困惑而探索着；有些人正在走向新生，那是因为他们的生命已经穿越生死，构建了适合自身生命的心灵家园！总之，是死是生，由每个人自己选择。

生命是最宝贵的财富

不管你的富裕思想是从哪儿来的，只要你想要真正的富裕，你就必须丢弃它，只有在你对自己感觉良好的时候你才会真正富裕。

有人认为“人为财死，鸟为食亡。”是不变的真理，但其实这只是浅薄的妄论。因为生命本身就是上苍赐予我们的珍贵礼物，这是一笔巨大的财富。生命的内涵是多元的，财富只是外壳，心灵才是其本质，如果只求物质不求精神，那么物质的积累就无法从根本上弥补精神荒漠。因此，追求物质财富绝不应以消耗生命为代价，正所谓“金钱是身外之物”！

金钱针对生命而言犹如一顿最后的晚餐，无论它有多么丰盛，对生命的意义也不过仅仅片刻的享受。

从前有一个人游泳的水性非常好，为了省钱从不乘渡，他能在水中如履平地、横渡两岸不费吹灰之力。有一天他在江北见到许多袋铜钱，先在身上绑了两袋铜钱下水一试，觉得还轻松，于是转念一想，觉得这样不行，“我身上的铜钱过江之后得放在江南，万一在我返回江北的途中时两岸的钱都被人拿走了，我岂不要落得两手空空”。于是他又返回岸上把所有的铜钱都绑在身上，结果他一下水就沉入江底被淹死了。

这个故事与“人心不足蛇吞象”有异曲同工之妙，他告诉我们一个真理：人不能太贪，太贪会利令智昏，误入歧途，甚至会人财两空。

有人讲过这样一段话：“钱这东西呀没有不行，多了也没有用，就好比穿多了热，吃多了胀，吃好了胖，所以钱只要够用就好。”这话就很有哲理。

金钱不是真正的财富，知识只是一笔小小的财富，智慧也算不上最大的财富，唯有生命才是上帝赐给我们的最大财富。没有生命，我们无法得到智慧；没有生命，我们不能积累知识；没有生命，我们更得不到金钱。

生命是宝贵的，对每个人只有一次。佛家有云：“扫地恐伤蝼蚁命，爱惜飞蛾纱罩灯。”其意是在打扫卫生时，恐怕伤着了蝼蚁脆弱之生命；夜晚点灯时，怕飞蛾投火而丧失了细小的性命。当然，这是佛家的慈悲心怀，是对弱小生命的关爱，也隐含着对生命的尊重。

蝼蚁尚且如此，那么人作为改造大自然的生产力，其生命更是非常宝贵的。但是从耳闻目睹的各类事故中，又有多少人视生命为儿戏，拿生命作赌注，从而丧失了宝贵的生命，对亲友造成了灾难性的痛苦，毁了一个又一个幸福的家庭！对生命的关爱重在确立精神基座，构筑温暖心灵的精神穹顶，然而，又有多少人痴迷于物质财富的追逐，因而迷失了自我呢！

生命的长河倒映出红花绿叶飘零积雪，变迁就着万物在自然中渐渐地前行。春天来了，花草树木吐露芬芳与新绿，昭示着勃勃的生机。在植物的世界里，生命虽然短暂，但是，有花蕾的可以将生命绽放，有枝干的可以让生命挺立，而只有绿叶的还可以使生命茁壮……生命就是财富。春天来了，在冬季沉睡的小小生灵们，都醒来了。飞鸟鱼虫释放生机与活力，暗示着生命的美丽与绚烂。在动物的天地中，生命亦不算长，但是，有翅膀的可以将生命翱翔，有四肢的可以让生命奔跑，而只有鳍的还可以使生命畅游……生命就是财富。

看看，生命是如此多娇！想想，自己的财富如此巨大！

生命是由铁到钢的锻造过程，生命是走向人生辉煌的风帆。在你留意生命、珍惜生命的旅程中，你会发现，当生命被生活千锤百炼时，往往会展现出顽强之美；当生命为生活劈风斩浪时，往往会展现出从容之美。你就会更明白，只有抱着一颗常人的平常之心，去看待生命，去珍惜生命，生命才会更有意义。

人类用睿智与才华，展示着生命的伟大。即使生命也只有短短几十载，但我们依然执着地呐喊着：生命就是财富！

生命的宇宙心灵法则

请记住，内在心灵的神奇力量，人人生来就有，并不是谁赐予你的。你需要做的，就是面对它！

你最初是什么模样的？答案也许难以想象，是一个比针尖还小的细胞！从一个针尖大小的细胞，最后成长成今天的你，难道说那个小小的细胞会有着如此多的内涵吗？

的确，小小的细胞当然不可能包含任何物质形式的躯体、头发、胳膊、腿、手、脚等身体器官，无论这些器官多么微小。

那么，你又是如何形成今天的样子呢？答案只能有一个：细胞里蕴含着心灵的种子，那是人类至高无上的唯一的灵性力量。心灵的种子忠实于它自身的法则，它蕴含着与你有关的固定形象或者图画。你打开了这幅图画，渐渐长大，最后终于从图画中走了出来，变成了遵循法则的客观存在物。

即便你无法迅速理解这个真理，你也能很轻易地承认，在这个细胞里有一种力量，它依据某个特定的计划慢慢发生作用。因此，其中必然会有一种智慧存在。只要承认智慧的存在，那么，我们已经承认了心灵的存在。

现在，我们必须明确一点，这也是我们要继续深入下去的基本依据：心灵，无论它以何种形式存在着，都包含着具体的形象和画面。心灵中的任何画面，无论是什么样的形式，最终都一定会呈现出来。这就是伟大的、亘古不变的宇宙心灵法则。当我们充满智慧地与它协作时，我们将会毫无疑问地成为条件和环境的主人。

你能回想起自己经历过的这样一些情况，当你内心强烈地想要得到某个东西或者希望见到某个人时，这个东西或这个人很快就出现在你面前。然后，你可能会惊呼："这真是太巧了！我今天早晨才念叨你来着。"

为什么不是所有的希望或者梦想都能成真呢？某些情况下，有些想法的确不能成真。人们对宇宙心灵法则的无知让自己失去了敏感，因此，这些想法往往悄无声息地消失了。同时，还有很多想法本身就不清晰，更加难以把握。

那么，又该如何把握那些想法，让其迅速得以实现呢？在此，借用大家都很熟悉的收音机来引申一下。有时你试图锁定某个电台的频率，收听一些令你感到愉快的音乐。但由于电台太多，你可能会陷入混乱。但是，如果其他电台暂时停播的话，你就会找到你要的节目，这时你的愿望就得到了满足。

现在你已经发现了答案：当某些有用的想法和愿望出现的时候，只有去除其他杂念的对抗，这些想法才会获得力量，心灵才会把能量输入到这个想法中，而不是被其他杂念所分散。这样，这个想法才会变成现实。

是什么原因导致你困惑，并削弱了你的思想呢？是错误的信念，你认为外界存在着比你自身更强大的力量。如果通过一系列训练，能让你自身的能量不断完善，使你脑海中的每一个建设性想法都自动清晰起来，那么，在任何不利的环境和局面中，你都将是自己命运的主人，不是吗？

每个人都有三个心灵，或者说每个人的心灵都有三个层次。那个控制身体行动的心灵，用一个比较好的词来称呼的话，我可以把它称为“深层心灵”或“行动心灵”。这个心灵我们并没有关注，或者说不必特别关注，因为它比我们更清楚自己的职责。我们通过忘记自己的物质躯壳，让自己尽量不去干预心理的正常运转。这样做，我们就可以和这个心灵合作，使之与躯体独立开来，从而获得最佳的健康和潜能。如此，我们将发现，一切都会无比完美。

另外两个心灵我们肯定都非常感兴趣，也都非常熟悉，它们就是“内在心灵”和“外在心灵”。

一般情况下当你内心偏袒某个事物，并且发现你的内心在激烈交战的时候，你就能轻易地意识到这两个心灵的存在。

外在心灵通过感官的中介作用和外界保持联系，其职责是将自己的愿望传递给内在心灵。

内在心灵不知道“不可能”，不知道“失败”，不知道“障碍”、不知道“限制”或者“不足”。它有赖于外在心灵的指导，并且把它无穷的生命能量投入到外在心灵的指向上。

为了把内在心灵说得更清楚，我们再以电能为例说明。电能是世界上最伟大的能量之一，内在心灵也是你身上最伟大的能量。但是，它们从来不会自主行动，而是必须依靠不同的中介指引它们，是成功还是失败，完全依赖于指引它们的是智慧还是无知。

因此，非常重要的就是，外在心灵如何与内在心灵联合并且合作。如果能够控制这一点，那么人类将不再是环境的奴隶，而是它的主人！

为什么我们都是平凡的人，而不是超人呢？原因在于：外在心灵一旦形成某种愿望，它就自动地将这个愿望传递到内在心灵；而内在心灵立即全盘接受，付诸行动，将这个愿望变为现实。遗憾的是，在内在心灵还来不及把强大的能量引到那个方向时，外在心灵就又找到了新的想法或幻想出莫须有的障碍。由于内在心灵不存在于肤浅的外表，它无法与外在事物联系，只能依赖外在心灵的指引。结果，随着外在心灵的不断变化，内在心灵被迫一次次地转移自己的力量。长此以往，就像破破破烂烂的水管，到处分散能量，最后到处都没有能量。

为什么在完成任务的道路上，内在心灵每一次移动都会受到阻挠？因为外在心灵通过眼睛和耳朵来判断一切，并把它传递给内在心灵。仔细看看人类一直在做的是什么事情呢？原来，人类一直在把日常生活中所经历的事情拍成照片即外在心灵；制成感光胶片即内在心灵，然后打印出来，打印出的就是外在客观现实。然而，要想达到目标，这个过程恰恰应该是反过来的。

我们被上天赋予力量和能力，我们可以在内心创造我们想要的图画，然后在外部现实环境中，自动地将这些图画打印出来。其实，这个过程非常简单，并不复杂。当我们能实现这一过程之后，我们就取得了掌控权，而在这之前还不行。

外在心灵看起来像个冒犯者。情况就是如此。不过，由于人们几乎每天都会生出成千上万个外在心灵的新目标，内在心灵的能量总是不断地被分散消耗，因此，一般的训练惩戒外在心灵的方法，也许需要花上几年才能见到效果，或者说，这样的训练无论如何将是一个漫长的过程。

我们还有更好、更快捷的方法吗？当然有。这种方法一旦被运用，将充分发挥外在心灵的有用性，同时却不会带入其游移不定的任性，那就是彻底地驯服它！

沿着这个方向，第一步就是：我们假设你有一个急切的需要，想尽快到达某个城市。当你钻进汽车的时候，你的心里自然而然地就有了一个指定的目的地，你会面向那个方向。如果那个地方很远，你可能会走错路，但是注意到这一点之后你就会返回原路，然后再尝试一条别的路线。你会以什么来作为选择路线的依据？当然是以你心中那个地方的图画。最后，你到达了。

你坚持着明确的目标，直到实现为止。不需要有任何顾虑或者强迫，你心中一直都坚持着那个目标或者目的地。就好比当你发现走错路的时候，你只是把车返回正确的道路上，最后的结果还是到达既定的目标，这就是全部过程。同样的道理：如果我们想要取得任何重大的成就，那么就必须建立起明确的目标。

建立明确的目标是不是就像听起来这么简单？不是的，从一开始就不是。你会马上为自己设定100万元的目标，然后轻率地希望一夜之间就能成功吗？你也许能够办到，如果你有能力把100万元看做是一笔微不足道的小钱的话，但这种情况非常少。聪明的做法是像马拉松运动员训练自己一样，从跑1000米开始，然后是2000米、3000米……逐渐地，你的能力就会提高，从而使你最终能够跑完全程。

明确的目标非常必要！一个没有明确目标的人，妄图抓住一切事物，最终，他将一无所获。这种人是不幸的，因为他任由千千万万个相互冲突的目标摆布，他的人生是困惑而悲伤的。在我接触的人当中，有些人已经让自己得到了很大的改善，他们甚至能够自己感受到这些想法。如果一个拥有明确目标的人锁定了一件事情，这件事情就会使他主动地积极地行动起来，并且忽略其他事情。如果他想要钱，那么他会得到钱；如果他想要地位，他就会得到地位；这个人锁定的任何事情都不会失手。

当你把心思集中到一件事情上的时候，无论它是大是小，无论是铅笔、帽子、汽车，还是组建家庭、变得富有，无论它是上面这些有形的事物，还是无形的，比如受教育、得到工作或者旅行，你都要分配足够的力量去实现它。否则，它们是怎么吸引到你的呢？只要这个想法存在于你的脑海里，你就要继续给它提供养分。你的愿望的强度将决定你的能量的大小，同时它也指引着力量的方向。

现在，你知道了，如果一个积极的人将他的力量同时放在几个目标上，那么他的力量就会被分散。每个目标上都有一点力量，但是很微弱，以至于这个人在实现这些目标时就会感到吃力或者无从下手。

你是否有一个重要而远大的目标？你是否希望在实现这个终极目标的过程中，可以只实现尽量少的目标？那么，不要让那些无谓的目标活跃起来，把你的能量集中在最近的或者最重要的那个目标上，等到实现它之后，再接着去实现下一个。如此往复。这就是利用宇宙心灵法则心想事成的秘密！

把前面的内容总结一下，我们就会知道如何利用宇宙心灵法则改变人生的整个过程。

1. 设定一个明确的目标

也许你没有明确的目标，只知道要在人生路上继续前行。可是，凡人的世俗欲望实在太多，让你无所适从、无法专注，任由事态自由发展，你必将一事无成。因此，有必要先为自己设定一个明确的目标，然后意志坚定地去执行。

经过充分的考虑之后，你设定了一个最高目标。这个目标可能很遥远，但毋庸置疑的是：这个目标是可以实现的。你的第一个步骤是什么？如果是一名银行家或一个商人，也许是每月业务量的增长？如果是一名职员，也许是职场升迁？先确定第一个，同时也是最容易实现的一个目标，并且保证这个目标能够与你的最高目标连贯一致。

2. 当目标实现后，马上设定下一个目标

当你的第一个目标实现以后，接下来该做什么呢？马上设定一个更高的目标。为什么？因为外在心灵的一个特性就是：当被迫完成一个目标之后就会陷入惰性。你可以想象外在心灵以这种方式进行思考："我已经费了好大劲做成了那件事，不过总算达到目标了，现在我需要休息一下。"而你的回答应该是："你不能休息，因为我已经给你设定了一个新目标。"一旦你宝贵的能量被激发起来后，就一定坚持住，千万别丢。随着能量的不断增加，你前进的脚步将越来越快，直到最后，你的目标一旦设定，几乎马上就能实现。

3. 默默努力，做好自己分内的事情

实现目标的过程，和一颗种子生根发芽、茁壮成长的过程极其相似。种子被播种到黑漆漆的土壤里，于是它用尽力气来表达或者勾勒自己的生命图景。在自然规律的作用下，它开始发芽，寻找光明。

与此同时，它把根深深扎入土壤，汲取营养。如果在向上生长的过程中，它的幼芽遭遇到阻碍，它并不是试图把这些阻碍从自己的路途中驱逐出去，而是绕着这些障碍物生长。如果它的根部无法获得必需的营养，它就会枯萎；如果一切顺利，慢慢地它就会开花。当它达到自己的目标后，一颗新的种子就会落进土壤，于是这个过程再度被延续。记住，成功之前的努力往往不会引起别人的重视，但因此而选择放弃或者转换目标，那只会离成功越来越远。

现在，你是否打算透过你的视角，看看事情进展得如何？你是否开始想知道一切是如何发生作用的，或者说是否真正在起作用？千万不要这样，因为你设定目标，这就相当于你种下了一颗种子。而你肯定不会把自己花园里的种子挖出来，以便看看它们是否正在发芽。你只是播种、灌溉，并且觉得心满意足——根据自然规律，这颗种子将会发芽、成长。同样地，任何事物都不能阻止你的目标外化出来，因为世上没有任何事物能对抗普遍的规律。你种下思想的种子，将它放在心上，去浇灌它，做一些自己该做的事。然后，相信宇宙心灵法则，它会自动起作用的。

4. 正视阻力，加强动力

你会不会遇到阻力？当然会的，你只要去行动肯定会有阻力，因为作用力需要反作用力来平衡。如果没有平衡，那一切都将向着失控的方向发展。而对于我们来说，行动中的阻力恰好是我们判断是非的标准，能让我们清楚地意识到自己在做的会有什么结果、做得是否不够、做得是否过度……总之，阻力是必不可少的。

合理运用阻力的实例中，飞机是一个很好的例子。我们都知道，飞机能够飞行正是靠空气阻力和本身动力的相互作用。所以，如果我们想要达到一定的高度，必须获得足够的动力，还要合理看待、运用行动中的阻力。

你是否打算去一一分析辨别那些以各种面目出现的阻力？千万不要。因为，当你把它看作你前进路上的拦路虎时，你就会对它产生抵制。这样就无异于承认它是一种比你更强大的力量，而在很大程度上削弱自己的力量。是的，一个人的得却是另一个人的失，这是以剧烈的形式进行的生命能量转移的例子。

既然你明白了宇宙心灵法则的这些道理，就务必用尽一切办法去践行。

生命发展是无极之路

生命之路的发展无极限，生命之路的成功无极限，生命之路的幸福无极限。无极为我们提供了更广阔、更光明、更壮丽的前景。我们要保持成功的火焰熊熊燃烧，越燃越旺，永放光明。

无极，是道教鼻祖老子用以指称道的终极性的概念。它既是一种古代哲学思想，也有无边际、无穷尽的含义。

我们说生命的发展没有极限，幸福就是不断前进。当你读到这句话的时候，心中是否就会有一种豁然开朗的感觉，生活的天空好像更加广阔了，生命的意义好像更加丰富多彩了？

宇宙是永恒存在的，生命的发展是无极的，人类生命的发展同样是一条无极之路。无极为我们希望的飞翔提供了更广阔、更晴朗的天空；无极是持续发展变化日新的动力和源泉。

无极发展的理念的确应该成为人生的主旋律。由低到高、从小到大、逐步前进、无极发展是一种自然规律。人生就是遵循着无极发展的规律，由创业走向成功，再由成功走向更大成功的历程。

人生就是把一个个从播种到收获的过程连在一起。昨天的奋斗成就了你的今天，今天的努力将会成就你的明天，我们的创造是无极的，我们的奉献是无极的，我们的希望是无极的，我们今天所有的成果都是为更好的明天而准备的资源。

有不少的成功人士说，成功后失去了追求的斗志，生活反而过得没有意思了，这就是违背了无极发展的理念。成功没有止境，实现了一个目标后，就要继续瞄准一个更高的目标，幸福就是不断地前进，这才是人生的真谛。下面的故事可以给我们很好的启示。

这是美国东部一所大学期终考试的最后一天。在教学楼的台阶上，一群工程学高年级的学生挤做一团，正安心等待着几分钟后就要开始的考试，他们的脸上充满了自信。这是他们参加毕业典礼和工作之前的最后一次测验了。

一些人在谈论他们现在已经找到的工作；另一些人则谈论他们将会得到的工作。带着经过四年的大学学习所获得的自信，他们感觉自己已经准备好了，并且能够征服整个世界。

他们知道，这场即将到来的测验将会很轻松，因为教授说过，他们可以带他们想带的任何书或笔记。要求只有一个，就是他们不能在测验的时候交头接耳。

他们兴高采烈地冲进教室。教授把试卷分发下去。当学生们注意到只有五道评论类型的问题时，脸上的笑容更加灿烂了。

三个小时过去了，教授开始收试卷。学生们看起来都不再自信了,他们的脸上是一副恐惧的表情。没有一个人说话，教授手里拿着试卷，面对着整个班级。

他俯视着眼前那一张张焦急的面孔，然后问道：“完成五道题目的有多少人？”没有一只手举起来。

“完成四道题的有多少？”仍然没有人举手。

“三道题？两道题？”

学生们开始有些不安，在座位上扭来扭去。

“那一道题呢？当然会有人完成一道题的。”

但是整个教室仍然很沉默。教授放下试卷，“这正是我期望得到的结果。”他说。

“我只想要给你们留下一个深刻的印象：即使你们已经完成了四年的工程学习，关于这项科目仍然有很多的东西你们还不知道。这些你们不能回答的问题是与每天的普通生活实践相联系的。”然后他微笑着补充道：“你们都会通过这个课程，但是记住——即使你们现在已是大学毕业生了，你们的教育仍然还只是刚刚开始。”

随着时间的流逝，学生们四年来的功课几乎被遗忘光了，但是教授最后的这堂课却记忆犹新。

这里告诉大家的道理就是无极的理念，追求知识没有极限，并且人生一切价值的追寻都没有极限。追求只有开始，没有结束。任何时候、任何地点、任何条件下人都可以有崇高的追求。

无极还告诉我们，在追求的过程中，千万不要自我设限，因为任何发展是永恒的，进步永远没有极限，路漫漫其修远兮，人要永远上下而求索。我们再来看一个故事。

当第一个职业运动员用4分钟跑完1英里后，全世界所有运动专家、生理学家都断言：一英里赛跑4分钟是人类的极限，不可能有人突破。但随后，一个名不见经传的教练，只用了并不复杂的方法，就帮一位业余运动员突破了这个所谓的“极限”。他把一英里分成8等份，根据选手体能，计算出通过每等份应该用的时间。然后在每个等份处都有一个小教练数秒，报告给运动员：“太快了，悠着点儿！”“慢了，该加油冲了！”有意思的是，这个最早突破“极限”的人竟然是个医学院学生！此后，不断有职业运动员突破这个所谓“生理极限。”

由此可见，极限是狭义的，而无极才是广义的。任何真理的追求都是无极的，真理的发展没有止境。人类的学习没有止境，成功没有止境，快乐没有止境，幸福没有止境，只有前进才是硬道理。

人永远要具有发展没有极限的理念，永远不给自己设定限制，在追求真理的过程中，追求没有结束，只有新的开始，踏上新的生活征程，朝着新的目标冲刺，冲刺，再冲刺！

没有时间可浪费了，让我们现在就开始管理并驾驭我们的生命吧！

第二章　体验生命愉悦

我们的生活中有许多本真的东西，给我们带来视觉的享受、身心的愉悦、听觉的舒心，而我们的心却一天天麻木了，对生活中平凡的小事带给我们的愉悦享受几乎视而不见了。享受生命的愉悦其实很简单，不论什么事情，换一种心情，换一种思考方式，换一个角度，你的心境会豁然开朗。

快乐是生命的圆舞曲

生命本身就是为了快乐的生活，生活中真正的快乐在于使快乐之树常青。

快乐如同优美的舞蹈、动人的音乐，让我们的生命在心灵世界里轻舞飞扬。

那么，什么是快乐呢？“快乐”的内涵应该具有以下六项内容：

1. 放下就是快乐

有一个富翁背着许多金银珠宝，到处去寻找快乐。可是走遍千山万水，也未能寻找到快乐。最后他向一个身背柴捆的农夫讨教，如何才能快乐？农夫放下柴捆，拍拍身上的尘土说："放下就是快乐"。富翁茅塞顿开，拍手大笑。故事很短，揭示的道理也很简单，就是说凡事要拿得起放得下，懂得化重为轻、变繁为简就是快乐。

2. 幸福满意就是快乐

有人问一个盲人：你连世界的样子都看不到，不觉得痛苦吗？盲人说："与聋子相比，我能听到声音；与瘫患者相比，我能走路；与哑巴相比，我能说话。我干吗要痛苦呢。"快乐就是对自己满意，不去计较自己比别人少什么，而是在意自己比别人多什么。

3. 分享就是快乐

分享行为是一种综合性行为，也是社会性行为的一个重要方面。建立起健康的分享意识十分重要。当一个人从分享行为里感受到自己带给他人的快乐，以及因他人快乐而带给自己的快乐时，就会体验良好情绪，才能真正体验到快乐。

4. 胸怀理想就是快乐

一个人树立了崇高的理想，就能站得高、看得远，就能心胸开阔、坦荡大气，就能有高境界、有高智慧，就能成为一个高尚的人、一个纯粹的人、一个有道德的人、一个脱离了低级趣味的人、一个有益于人民的人，就能勇于奉献、顽强奋斗，就能有良好的心理状态、工作状态，从而创造最佳业绩，实现幸福人生。由此可见，拥有远大理想的人，一定是个快乐的人。

5. 坚强地迎接挑战就是快乐

快乐的人勇于迎接挑战，使自己变得更加坚强。把快乐和坚强联系在一起，从心理学上是很容易找到解释的。首先，积极心态有助于解决困难，因为快乐的人面对困难时显得更从容。其次，快乐的人信心更强，多数情况下，他们总是善于发现自己或别人的优点和长处。相比之下，缺点在他们眼中经常显得微不足道。最后，快乐的人抗击不良情绪的能力更强。这样，在面临困难时就显得很坚强的人就是快乐的人。

6. 关心他人就是快乐

每个人都对自己都很关爱，但我们在关爱自己的同时也可以尝试着去关爱别爱人，因为关爱别人就是关心自己。得到他人的关爱是一种幸福，关爱他人更是一种幸福。关爱别人就是关爱自己，因为只有你关爱了别人，在你需要帮助的时候别人才会回报你。关爱别人，就是关爱周围所有的人，关爱社会，关爱人类。

世界上有许多关于快乐的诠释，有的直白、有的含蓄、有的幽默，真可谓仁者见仁，智者见智，但到底什么是快乐呢？可以借用诗人艾青的一句诗："去问开花的大地，去问解冻的河流。"享受生命的快乐，就要努力丰富生活的内容，切实感受生活中一切美好的事物，真正领会生活的无穷乐趣。

在这个世界上，只有快乐者才能更好地生存。因为快乐者会让自己生活得有趣味、有智慧，还会带给他人以欢笑和情趣。无论是天空明朗的日子，还是风起云涌的时刻，快乐者的生活永远是健康、充实和富足的。

快乐，帮助你塑造了自己高贵的心灵，而拥有了高贵的心灵，你就会拥有崇高的人生。开步走吧，你将拨动着生活的琴弦去演奏生命的动人乐曲。

遵照生命智慧的选择

生命只有一次，时间才是我们最大的财富，而我们拥有的时间只有当下。不去追忆过去的荣耀，也不悔恨过去的过错；更不去盲目地憧憬未来，活在幻想中。而是脚踏实地，好好把握珍惜今天，珍惜现在。拥有了现在，我们也就拥有了光辉的过去和光明的未来。

我们都知道，有人能够持久地付出努力终获得了成功，而有的人忽视了他们巨大的内部能量，从而使得他们被错误的认识所掌控。于是他们总是处于混乱之中，时常感到迷惑、冲突和紧张，直到自己屈服，失去勇气和力量，身心俱疲。

为什么那些积累了财富的人，在健康和活力上都要付出如此之大的代价？因为当他们对一个指定的目标愿望强烈的时候，就会自动地付出力量。但不可否认的是，当这样的情况继续下去，并且没有给养来维持旺盛的生命力的话，他们的力量就会耗尽并且得到糟糕的结果。这时，如果有了内在生命的智慧来掌舵，他们会走上最快捷的道路。

生命的智慧为你选择了“现在”。为什么呢？因为你经历的所有事件，由你过去的想法，即你在昨天、上星期、上个月、去年、10

年前、20 年前、30 年前、40 年前所说的话决定的。但那是你的过去，眼下它已经过去了。重要的是此时此刻你选择什么思想、选择什么信念、说什么话，因为你现在的思想和语言将创建你的未来。你的力量的源泉来自“当下”，它正在形成明天的、下星期的、下个月的、明年的以及以后的经历。

“当下”的生活才是我们需要把握的，我们的力量，恰恰就存在于此时此刻。你不妨注意：此时此刻你正在思考什么？它是积极的还是消极的？你是否希望现在的理想将来会成为事实，使你的生活有所改变？那就小心地照顾你的思想吧！

认识到这一点是多么了不起！我们此时便开始自由了！不管你是否相信，我们确实选择了我们的思想。

要怎样思想，可以由我们加以选择。虽然有时我们会习惯地把一个思想重复又重复，而且表面上看起来，好像没有选择的余地，但事实上，这都是我们自找的。我们有能力选择某些思想，也有能力拒绝某些思想。不信吗？只要想想我们是否拒绝过一些积极的思想就可以明白了，那么我们也可以拒绝一些消极的思想，这是不用怀疑的。

生命的智慧为你选择的“现在”是什么？这个“现在”就是“当下”，它指的就是：你现在正在做的事、你现在所在的地方、现在与你一起工作和生活的人。“活在当下”就是要你把关注的焦点集中在当下这些人、事、物上面，全心全意地认真地去接纳、品味、投入和体验这一切。关注“当下”，把“当下”过好，这就是生命能量的体现！

每天醒来，我们都要对自己说："今天是我余生的第一天。"在这样的自我激励之下，每一天都是自己崭新生命的开始，每一天我们都要用快乐去充实它。

据说在很久以前，周国的尹氏极力扩大自己的家业，他手下那些奔走忙碌的仆人起早睡晚，基本上得不到休息。有一位老仆人已经累得精疲力竭了，可是尹氏却使唤他越来越厉害，毫无一点儿怜悯之心。白天，老仆人支撑自己瘦弱的身体，一边呻吟一边干活，夜里很晚，他昏昏沉沉、疲惫不堪地倒在床上就睡熟了。

他的精神迷乱。夜夜梦见自己当了国王，位居人民之上，总揽全国的事物，在宫殿楼台中游玩宴饮。想干什么就干什么，非常快活。醒了之后还要去服苦役。有人对他的辛勤表示安慰，他说："人活百年，白天黑夜各占一半。我白天做仆人，苦是真苦哇；可是到了夜里我做国王，却是快活无比，还有什么可抱怨的呢？"

而主人尹氏却整天心里精打细算，全部心思都放在自己的家业上，自然身心也很疲惫，一到夜里就昏昏沉沉，只想睡觉。而且总是夜夜梦见给人当仆人，上下奔跑着干活，没有什么苦活累活不要他干的；受人责骂，还要被棍打，经历难以忍受的磨难。睡梦中不停地说着梦话，不停地呻吟，直到第二天早晨醒来才停止。

尹氏感到非常痛苦，折腾了许多时日也没有想明白个中缘由。于是,就去问他的很有智慧的一个朋友。他的朋友说:“你的地位足以使自己荣耀、财富也很充裕。你夜里梦到自己当仆人,痛苦和安逸交替,这正是自然法则的常情。可是,你想把白天觉醒时和晚上睡梦中的快活与荣耀都得到,那怎么可能呢?”

尹氏听了朋友的一席话,思之再三,觉得很有道理,一切也就淡然开来。他回去后,就放宽了仆人干活的强度,也减少了自己思虑的事情,这样,过些时日,他不再劳累,相反,自己的精神越来越好,最终富甲天下。

这个故事告诉我们一个道理:人生在世,过度的欲望和要求,带来的必定是精神的不满足和痛苦,同样带给身体的一样是伤害。“不以物喜,不以己悲”,一切顺其自然,才能让人更好地生活,享受到更多的快乐。总之,人生的快乐在于选择。

一位禅师说得好:当我们提起正念喝茶的时候,我们就是在练习回归当下,以便活在此时此地。当我们的身心完全安住当下时,热气腾腾的茶便会清晰地显现在我们面前,我们知道,这是一种美妙的存在。这时我们便真正地与这杯茶沟通了。只有在这种情形下,生命才真正地显现。这正是:“茶杯在手中,正念直提起,吾心与吾身,安住此时地。”

1. 活在当下就是专心地享受现在

有一个信徒问佛祖释迦牟尼:“您常常教我们活在当下,那究竟怎么做才算活在当下呢?”

佛祖说："吃饭就是吃饭，睡觉就是睡觉。如此而已。"

猛一看来，这么有智慧的佛祖怎么会说出这样的大白话呢？其实，越是简单的越是真理。细细想一想，佛祖的教诲，我们真的做到了吗？我们真的会吃饭、会睡觉吗？

有的人吃饭的时候还在看书看报，还在思考问题，还在讨论工作，全然淡化了饭菜的美味；有的家庭把吃饭的时间，当成了相互抱怨批判的时间，丈夫抱怨妻子，妻子抱怨丈夫，父母批判孩子，结果本来其乐融融一顿饭变成了批斗会，哪里还有天伦之乐可言？

有的人睡觉的时候还在想着白天发生的事，而且更多的是一些不愉快的事，想着想着咬牙切齿，乃至于泣不成声。这能叫做睡觉吗？简直是在受罪，自我蹂躏。

吃饭的时候，我们就要专注地享受饭菜的美味，抛开纷繁复杂的一切事务，感恩上天给了我们健康的身体和胃口，尽情地享受可口的饭菜。睡觉的时候，也要抛开一切的羁绊与烦恼，尽情地享受睡觉的舒适与安逸，让自己进入美丽的梦乡。

2. 活在过去就会失去现在

活在过去就会失掉现在，失掉现在哪有未来。未来是由现在所产生出来的。如果我们能够照顾现在，那么我们就是照顾了未来。未来不会无端地来，它将会从当下的这个片刻产生出来。如果这个片刻很美、很宁静、很喜乐，那么下一个片刻一定会更美、更宁静、更喜乐。生命的质量取决于你每天的心态，每天的心态取决于你每一个片刻的心情。如果你能保证眼下心情好，你就能保证今天一天心情好；你能保证每天心情好，你就会获得很好的生命质量，体验别人体验不到的幸福生活。

记住，如果我们每天能够“早上醒来，光彩在脸上，充满笑容地迎接未来；到了中午，光彩在腰上，挺直腰杆地活在当下；到了晚上，光彩在脚上，脚踏实地地做好自己。”那么，我们就享受了生命精彩的过程。

3. 活在未来可能会失去未来

人们的多数忧虑源自对将来的考虑，对还没有发生的事情患得患失，忧心忡忡，甚至于感到一种绝望与挫败，而专注于当下就不会减轻这种焦虑感。未来应该去梦想、设计与规划，但是，如果只是醉心于虚幻的未来，忘记了把握现在，那么与黄粱美梦又有何异？

有的人不会活在当下，总是爱胡思乱想，大多数的时间里生活在对未来的担忧甚至是焦虑中。比如，担心自己会不会失业，担心未来能不能找到好工作，担心未来能否找到一个好伴侣，忧虑未来得了病怎么办，忧虑自己的孩子，忧虑自己的父母，等等。所有这些担心、忧虑甚至焦虑，不仅解决不了一点现实的问题，于事无补，更重要的是这种人失去了现实的行动力。比如，得了癌症的人最常问的是“我还能活多久？”或者后悔自己“以前怎么就不知道预防？”这种对过去的后悔和对将来的莫名担心让他们身心疲惫，加重了病情。有益的做法是只专注于现在，专心于治疗。

当然，并不是说回忆过去或者展望未来有什么不好，而是说，过于沉醉过去或未来可能会妨碍一个人现在的努力与行动。只有当过去的经验值得借鉴才需要回忆，只有未来的梦想对现实有意义才值得展望。而活在当下是我们享受快乐人生的秘诀，抓住现在则是我们创造美好将来的途径。

握住生命快乐的钥匙

真正的快乐是什么？不是偶然的拾得，也不是别人的施舍。真正的快乐应由自己掌握。

每人心中都有一把“快乐的钥匙”，但我们却常在不知不觉中把它交给别人掌管。一个成熟的人能够握住自己快乐钥匙，他不期待别人使他快乐，反而能将快乐与幸福传递给别人。

快乐就是藏在心中的根，只要能找到自己的根，并让它生根发芽，那么你就是一个快乐的人。

一个烦恼少年四处寻找解脱烦恼之法。有一天，他来到一个山脚下。只见一片绿草丛中，一位牧童骑在牛背上，悠闲地吹着横笛、逍遥自在。

烦恼少年走上前去询问：“你能教我解脱烦恼之法吗？”

“解脱烦恼？嘻嘻！你学我吧，骑在牛背上，笛子一吹，什么烦恼都没有了。”牧童说。烦恼少年试了试，不灵。

于是他又继续寻找。走啊走啊，不觉来到一条河边。岸上垂柳成荫，一位老翁坐在柳荫下，手持一根钓竿，正在垂钓。他神情怡然，自得其乐。

烦恼少年走上前去询问：“请问老翁，您能赐我解脱烦恼之法吗？”

老翁看了一眼面前忧郁的少年，慢声慢气地说：“来吧，孩子，跟我一起钓鱼，保管你没有烦恼。”烦恼少年试了试，不灵。

于是，他又继续寻找。不久，他遇到一位在路边石板上独自下棋的老翁，烦恼少年上前寻找解脱之法。

“哦！可怜的孩子，你继续向前走吧，前面有一座方寸山，山上有一个灵台洞，洞内有一个幽谷老人，他会教你解脱之法的。”老人一边说，一边自个儿下着棋。

烦恼少年谢过下棋老者，继续向前走。到了方寸山灵台洞，果然见一个长须老者独居其中。烦恼少年长揖一礼，向幽谷老人说明来意。幽谷老人微笑着摸摸长须，问道：“这么说你是来寻求解脱的？”

“对对对，恳请前辈不吝赐教，指点迷津。”烦恼少年说。

幽谷老人笑道：“请回答我的提问。”

“前辈请讲。”

“有谁捆住你了吗？”幽谷老人问。

“……没有。”烦恼少年先是愕然，继而回答。

“既然没有人捆住你，又谈何解脱呢？”老人说完，摸着长须，大笑而去。

烦恼少年先是一愣，继而顿悟：哦！是啊！又没有任何人捆绑我，我又何须寻求解脱？原来，我心目中的烦恼是自找的，我是自己捆住了自己啊！

少年正欲转身离去，忽然面前成了一片汪洋，一叶小舟在他的面前荡漾。少年急忙上了小船，可是船上只有双桨，没有船夫。

“谁来渡我？”少年茫然回顾，大声呼喊着。

“请君自渡！”幽谷老人在洋面上一闪，飘然而去。

少年拿起双桨，轻轻一划，面前顿然成了一片平原，一条大道近在眼前。少年踏上大路，欢笑而去。

快乐是一种积极的正面情绪，可能人人都想获得快乐，但究竟快乐在哪里呢？很多人却并不知晓。其实，快乐就在我们心里。如果我们希望自己永远快乐，就要学会调节自己的内心，而不是靠外界条件去影响自己。

人与人之间本来只有很小的差异，但这很小的差异却往往造成了巨大的差异！如果我们想的都是快乐的念头，我们就能快乐；如果我们想的都是悲伤的事情，我们就会悲伤；如果我们想到一些可怕的情况，我们就会害怕；如果我们想的是不好的念头，我们恐怕就不会安心了；如果我们想的是失败，我们就会失败；如果我们沉浸在自怜里，大家都会有意躲开我们。

一位富商花巨资收藏了许多珍贵的古董、字画以及各种珍珠、翡翠，为防失窃，他安装了严密的保安系统。平日里很少进去欣赏，只当成个人财富的一部分来炫耀。

有一天，富商忽然心血来潮，决定让大厦清洁工进去开开眼界。

清洁工进去后，并未流露出艳羡之色，只是慢慢地逐一浏览，细细地欣赏。待步出厚厚的铁门时，富商忍不住炫耀说："怎么样？看了这么多的好东西，不枉此生了吧？"

那个清洁工说："是啊，我现在觉得与你一样富有。而且比你更快乐。"

那富商大惑不解，面露不悦。

清洁工说："你所有的宝贝我都看过了，不就是与你一样富有吗，而且我又不必为那些东西担心这担心那的，岂不比你更快乐？"

一件事有许多角度，有好的一面，也有坏的一面，有乐观的一面，亦有悲观的一面。就好比一个碗缺了个角，乍看之下，觉得不能再用；若肯转个角度来看，你将发现，那个碗的其他地方都是好的，所以还是可以用的。若凡事皆能往好的、乐观的方向看，必将会希望无穷；反之，一味地往坏的、悲观的方向看，定觉兴致索然。

快乐，是我们苦苦追求的一种生存状态。快乐不同于乐趣，它是心无挂碍的自在，是了无遗憾的洒脱；快乐的感觉，让人如沐春风；快乐的当下，温馨驻留心田；快乐是从骨子里透出的会心的微笑，快乐是自缥缈处传来的悦耳的天籁！那么，如何做一个乐观的人，拥有快乐积极的人生呢？

1. 想要真正拥有快乐，就要懂得知足常乐

你也许没有机会领略庙堂之高的风光和快意，但你却能够体会江湖之远的恬静和逍遥；你也许没有机会体味花前月下的浪漫和缠

绵，但你却能够品味相濡以沫的温馨和祥和；你也许没有机会感受腰缠万贯的潇洒和惬意，但你却能够感受到朋友间真诚、平等、质朴的友谊。你也许没有香车宝马，但你拥有健壮的双腿；你也许没有健壮的双腿，但你拥有健全的大脑；你也许没有健全的大脑，但你实实在在地拥有着鲜活的生命！欲海无边，知足常乐。这一点至关重要。

2. 想要真正拥有快乐，就要学会以苦为乐

苦难是人生的财富，苦难是奋斗的教科书。美酒佳肴穿肠过，清茶淡饭更健康；佳丽粉黛餐秀色，糠糟之妻不下堂；大厦华堂自空旷，茅屋一间也栖身！以苦为乐，并不是安于天命；以苦为乐，正是直面现实。以苦为乐，就是要有胆识有毅力畅饮生命岩层深处的琼浆，就是要用苦难作底料，用勤奋作酵酶，用汗水勾兑一坛生活的美酒！

3. 想要真正拥有快乐，就要学会没乐找乐

心中洋溢着愉悦，你就会没事偷着乐。这时，你的脸上开满了鲜花，你的眼睛眯成了一条线；心里装满了忧郁，你就会忘了真快乐。这时，你的脸是苦瓜脸，你的嘴巴可以挂油瓶。学会没乐找乐，你必须知道草木本有情、鸟兽也通灵；学会没乐找乐，你必须保存一腔童稚的纯真，看风风清、看雨雨甜。坐看云卷云舒，卧听潮起潮落。没乐找乐，自得其乐，快乐将与你如影随形！

4. 想要真正拥有快乐，更要防止乐极生悲

悲苦是悲苦者的墓志铭，快乐是快乐者的通行证。悲苦与快乐相生相克，互为体用。快乐是握在手里的那一把细细的沙子，轻重缓急、捏抓握掐，全由心定。防止乐极生悲，就是要“但存方寸地，留于子孙耕”，就是要“得饶人处且饶人”；防止乐极生悲，既要有“穷则独善其身”的恬淡心境，更要有“达则兼济天下”的宽广胸襟！

5. 想要真正拥有快乐，更需要豁达的情怀

做人不能太爱慕虚荣，也不能太过贪心，过于迁就一些庸俗的观念。人心就是江湖，在哪里都存在着利益取舍，存在着竞争，工作之后的竞争压力将会更大。如果我们能拥有豁达的情怀，提高适应环境的能力，保持乐观向上的精神状态，使自己进入洒脱豁达的境界，那就掌握了生命的主动权。

只要我们能努力做到上述几点，就能拥有快乐，从而使我们的生命光华内敛、中气充溢，云淡风轻、天蓝树碧。

感恩是生命快乐之源

自从有了生命，人就在接受着他人的帮助，就在享受着万物的哺育，就生活在感恩的海洋中，周围的一切都是他生活的资源，都是他感恩的对象。

感恩是生命快乐的源泉。人只要懂得感恩，懂得珍惜自己所拥有的一切，就拥有了快乐和力量，就能更好地享受生活，享受成功的快乐。感恩之心使人与人之间变得和谐、亲切，也使每个人都变得更加愉快和自信。

自从有了生命，人就生活在感恩的海洋中。对曾经帮助过你的人表达感激是一种良好的习惯，当你感谢他人，真诚地感恩他人，对他人的努力怀有敬意时，你其实就是肯定了他人的价值，而回报给你的是人们将更加乐意与你相处，提供给你更多更好的帮助，你的成功将变得更加容易。

感恩是一种美德，是一种人生的宝贵资源，善用这种资源我们就会得到神赐的无穷力量。下面这个小故事就告诉了我们感恩的意义。

两个人在沙漠上已经行走了数日，在他们口渴难忍的时候，碰见一个骑骆驼的老人。老人给了他们每人半瓷碗水，一个抱怨水太少了，不足消解他身体的饥渴，抱怨之下竟将半碗水泼掉了；另一个虽也知道这半碗水不能完全解除身体的饥渴，但他却有一种发自心底的感激，并且怀着感恩的心情，喝下了这半碗水。结果，前者因为拒绝这半碗水渴死在沙漠之中，后者因为喝了这半碗水，终于走出了沙漠。

不管故事的发生是否真实，但这里告诉了我们一个道理：对生活怀有一颗感恩之心的人，即使遇上再大的困难，也能渡过难关；而那些只知抱怨生活的人,即使遇到了机遇,也不知该如何珍惜和把握。

一个人明白了这个道理，就应感激大自然的福佑，感激父母的养育，感激亲友的帮助，感激社会的繁荣，感激粮食的滋补，感激衣服的温暖，感激花虫草木，感激艰难困苦。甚至是自己的对头，也不应忘记感恩。因为真正促使你变得机智勇敢、豁达大度的，不是优裕和顺境，而是那些常常遇到的苦难、打击、挫折和对立。

我们每天都生活在他人提供的帮助之中，人人都会珍惜吗？当然不，总有不少人经常在抱怨世界的不公。正如有句话所说的：“我们很少去想自己拥有什么，而总是在想我们缺少什么。”这正是抱怨者的悲剧所在。抱怨的人只要拥有了感恩的心，世界的一切必将变得对他更加美好。

下面这首《生活在感恩的世界》的小诗，会伴随你走进感恩世界的快乐之中：

感激斥责你的人，
因为他助长了你的智慧；
感激绊倒你的人，
因为他强化了你的能力；
感激遗弃你的人，
因为他教导了你应自立；
感激鞭打你的人，
因为他消除了你的业障；
感激欺骗你的人，
因为他增进了你的见识；
感激伤害你的人，
因为他磨炼了你的心志。

感激所有使你坚定成就的人。

要以感恩的心做人，这不仅是一种美德，更是一种人生的智慧，因为感恩是快乐和幸福的秘诀。下面这首歌《感恩的心》肯定会给你带来快乐：

我来自偶然，像一颗尘土，
有谁看出我的脆弱。
我来自何方，我情归何处，
谁在下一刻呼唤我。
天地虽宽，这条路却难走，
我看遍这人间坎坷辛苦。
我还有多少爱，我还有多少泪，
要苍天知道我不认输。
感恩的心，感谢有你，
伴我一生，让我有勇气做我自己。
感恩的心，感谢命运，
花开花落，我一样会珍惜。
我来自偶然，像一颗尘土，
有谁看出我的脆弱。
我来自何方，我情归何处，
谁在下一刻呼唤我。
天地虽宽，这条路却难走，
我看遍这人间坎坷辛苦。

我还有多少爱，我还有多少泪，

要苍天知道，我不认输。

感恩的心，感谢有你，

伴我一生，让我有勇气做我自己。

感恩的心，感谢命运，

花开花落，我一样会珍惜。

感恩的心，感谢有你，

伴我一生，让我有勇气做我自己。

感恩的心，感谢命运，

花开花落，我一样会珍惜。

花开花落，我一样会珍惜。

是呀，有谁在听了或唱了这首歌后能平静呢？让我们怀着一颗感恩的心，报答对我们恩重如山的妈妈；报答那些风雨中伴随我们的亲戚朋友；报答那些曾牵着我们的手，陪我们一起踏过生活中的绊脚石的人。让我们有一颗感恩的心吧，从现在做起，让感恩伴随着我们走过一生！

远离抑郁才有好心情

有的人患了深度抑郁症但还能够重新站起来，而有的人却被轻微的症状彻底击垮，原因往往就是前者在“最后时间”做出了正确选择。

抑郁症也叫忧郁症，是一种精神疾病。其症状是情绪低落、自我责难、焦虑不安或反应迟钝等，严重时会自我伤害甚至自杀。

21世纪里，抑郁症在职场的多发已经引起了人们越来越多的关注，可是大家千万别怕，职场压力虽然大如战场，但若能做好情绪及压力的管理工作，你绝对能远离抑郁症。

忧郁是人们常见的情绪困扰，是一种感到无力应付外界压力而产生的消极情绪，还常常伴有厌恶、痛苦、羞愧、自卑等情绪体现。忧郁就像其他情绪反应一样，人人都曾有过或者是都会有。对大多数人来说，忧郁只是偶尔出现，历时很短，时过境迁，很快就会消失。但对有些人来说，则会经常地、迅速地陷入忧郁的状态而不能自拔。

一般而言，导致忧郁的原因主要与性格有关，有些人总习惯用悲观、消极、绝望的观点看问题，不自觉地具有自卑心理，常常用一个忧郁的假设支配着自己的思想，认为自己处处不如别人，例如当看见别人取得某种成功，就会想“人家有本事，我不能跟人家比”。如果自己遇到挫折，不去从根本上找原因，而是想“我的运气本来就不好”。如果自己无意中有了过失，别人并没有计较，或者早已忘掉了，自己却还会忧心忡忡，担心别人对自己有看法、有成见。他们过分注意别人脸色，常常在遇事后觉得束手无策，更加不敢行事，或者自暴自弃，不能有所进取。做事时常常灰心大于信心，对失败只认为“早知道结果会是这样”。对事物只抓住它的消极部分，并牢牢记住。把发生的一切不顺心的事，包括别人所干的事都归诸自己，即使外出，正巧天气不好，也会怨天怨地、自叹命苦。再有就是生活中的一些事件、挫折也会导致忧郁，比如患了重病、顽疾，家庭出现了大的纠纷，工作、事业遭到了重大失败等。

美国国家心理卫生研究院的院长史蒂文·海曼说：“没有一种东西叫做情绪基因。”如果忧郁患者都能了解不同抑郁症的判断准则，那他们也就会知道如何与某种程度的抑郁症对抗。一般来说，正确的方法是寻找最有效的治疗法，因此，你要在理智尚存时勇敢地寻求帮助，要尽量利用人生再次陷入低潮之前的时间。

有一句俄罗斯名言曾经这样说：“如果你早上起床不会觉得难过，就表示你已经死了。”就是说人活着并不只是享受快乐与幸福，痛苦也是生命存在的证明之一。哲学家叔本华认为：“我们发现，喜悦不再那么令人愉快，痛苦更加出乎预料地痛苦，”“我们任何时候都需要一定程度的关心、悲伤或欲求，就像船需要压舱石，才得以笔直向前航行。”“想象那群被放逐到乌托邦的人，在那里什么东西都会无中生有——空中飞着烤熟的火鸡；不需寻觅就可找到情人，顺利地白头偕老；在这种地方，有些人会无聊而死，或上吊自杀，有些人会互相残杀。如此一来，他们为自己制造的苦难，比在原来自然世界所受的还多……苦难的极端反面‘是’无聊。”

人的理智可以控制心情，而忧郁却常常破坏这种控制。自觉地克服轻微的忧郁，对人的益处是显而易见的。人可以用自身的意志调节身体和精神上的化学失衡。以自己的力量击退忧郁，使你避开进出精神治疗所招致的异样眼光，更可以使我们意识到自己的力量。不借外力，只用自己的内在机制来重塑自我，一点一点地从悲苦中归于正常，把苦恼排除在外。当我们回到原来的自己，其实我们已经进入了一种新的境界。

近期一项由职场人参与的调查显示，七成职场人表示工作压力已导致自己有忧郁倾向。“我忧郁了！”、“最近比较烦”……这些QQ上经常见到的签名其实是职场人工作压力加大的真实写照。在现实的压力下，职场人将更多的时间给了工作。现代人的生活节奏快，得失之间也变得鲜明无比，情绪的震荡常把一些上班族晃得七荤八素，加上人际间竞争的复杂化，若稍有心理调适不当或外在支持无法配合，极易陷入情绪忧郁的恶性循环中。

所谓“恶性循环”指的是一旦你因事件不顺利而忧郁不振，导致心灰意懒，甚至进一步使工作效率下降，恶性循环后更多挫败和失落事情便会接踵而来，如此内外交加，抑郁症就等着你了！无怪乎近年来上班族罹患抑郁症的比例越来越高，既给企业的团队合作带来了恶劣影响，一部分人还因此离职、失业，甚至用自杀来终结一切问题。实在令人不得小看抑郁症的破坏力。

陷入忧郁状态的重要表现是：情绪低落，郁郁寡欢，思维迟缓，兴趣丧失，闷闷不乐，缺乏活力，反应迟钝。他们对生活缺乏信心，体验不到生活的快乐，干什么都没精打采，不愿与人交往，并伴有食欲不振、失眠等症状，看上去疲惫倦怠、表情冷漠、面色灰暗，仿佛陷入了痛苦的深渊而无力自拔。

长期忧郁会使人的身心受到损害，使人无法正常地工作、学习和生活。人们都希望自己经常并永久处于欢乐和幸福之中。然而，生活是错综复杂、千变万化的，并且经常发生祸不单行的事。那么，遇到心情不快时，应采取什么对策呢？

1. 科学饮食，驱除忧郁

很多人可能有过经历，那就是在心情非常不好甚至恶劣的地步，会想要狂吃东西，以求胃部的满足。这样的做法如果能结合科学饮食，对于驱除忧郁来说，倒是非常可取的。

当你焦躁不安和沮丧无力时，甜的食品或酒，可快速提升脑中的血清张力，使神经系统暂时得到舒缓，可之后的状况却会更糟糕。而多糖食品则能够比较好地改善这种状况，多糖类食品包括全谷米、大麦、小麦、燕麦、瓜类和含高纤维多糖蔬菜与水果，等等。许多跟情绪安定有直接关系的蛋白质氨基酸是制造情绪荷尔蒙的原料，例如香蕉、奶制品、火鸡肉等，是含色氨酸食品。所以在心情忧郁时，你可以尝试着播放几首平时喜爱的音乐，享受一下美味，充分摄取营养，“吃掉”忧郁。

2. 享受阳光，驱散阴霾

许多人一到冬天或遇上下雨天，或多或少都会感觉心情沮丧，这种现象在经常不见阳光的瑞典更是严重。这里的冬天，由于昼短夜长，日照时间一天只有五个小时，北部有些地方，甚至还完全看不到太阳，造成全国五分之一的人口都罹患某种程度的季节性情绪失调，也就是因为漫漫长冬，而引发的冬天抑郁症。为了帮助民众克服这种在冬天才出现的抑郁症，当地医院特别提供灯光照射治疗，结果相当有效。

鉴于此，如果你的心情不好，也可以到户外晒晒太阳，让阳光的气息笼罩你，忧愁的阴霾就会慢慢散开，让阳光融化你的不快乐，晒干你的忧郁！

3. 转移思路，向人倾诉

当扫兴、生气、苦闷和悲哀的事情临头时，可暂时回避一下，努力把不快的思路转移到高兴的思路上去。例如，换一个房间、换一个聊天对象、有意去干一桩活、去串门会一个朋友或有意上街去看热闹等。“难得糊涂”是对待这类既烦心却又无关紧要的琐事时再恰当不过的办法。

心情不快却闷着不说会闷出病来，有了苦闷应学会向人倾诉的方法。首先可以向朋友倾诉，这就需要先学会广交朋友。如果经常防范着别人的“侵害”而不交朋友,也就无愉快可谈。没有朋友的话，不仅遇到难事无人相助，也无法找到可一吐为快的对象。把心中的苦处能和盘倒给知心人并能得到安慰甚至计谋的人，心胸自然会像打开了一扇门。正好有些人总说自己找不到倾诉的对象，其实他们只是没有倾诉的意识，没有养成倾诉的习惯。所以一定要敞开胸怀，积极同亲友交流，一些情感问题就会迎刃而解，忧郁就会远远走开。

4. 执著爱好，亲近宠物

无爱好的人，生活单调，而且与那些有着一、两种令人羡慕的爱好的人相比，心中往往多一些负面情绪，如嫉妒、焦躁等。除少数执著追求自己本职事业者外，许多人能培养自己的业余爱好。比如，集邮、打球、钓鱼、玩牌、跳舞等都能使业余生活丰富多彩。每遇到心情不快时，完全可全身心一头扎到自己的爱好之中。再如，有意地饲养猫、狗、鸟、鱼等小动物及有意栽植花、草、果、菜等，也能起到排遣烦恼的作用。当你遇到不如意的事时，主动与小动物亲近，小动物的一些可爱行为举动都会逗主人开心，并且与小动物交流几句更可使不平静的心很快平静下来。此外，摘摘枯黄的花叶，浇浇菜或坐在葡萄架下品尝水果都可有效缓解不良情绪。

5. 知足常乐，多舍少求

俗话说“知足者常乐”，老是抱怨自己吃亏的人，的确很难愉快起来。多奉献少索取的人，总是心胸坦荡，笑口常开。整天与别人计较工资、奖金、提成、隐性收入的人心理怎么会平衡？只有听之任之，给多少也不在意的人心情才比较稳定。至于对别人能广施仁慈之心，甚至当素不相识的路人遭遇困难时也能慷慨解囊、毫不吝啬的那些人，即使遇到烦心事，也能很迅速、妥善地将其解决，让自己保持好心情。

6. 医学干预，对症施治

对于长期心情不畅、无法自拔者，只能寻求专业医生的帮助进行心理治疗和药物治疗。

大多数人处于情绪低潮时，总希望能得到别人的关心，“同情”和“关怀”在此时就像是漫长寒夜后的曙光。然而，对情绪的调节主要还是靠自己。通过上述办法调整一下自己的心情，让自己的心情尽可能快乐起来，你会发现，阳光很快就又回到了你的心中。

热爱烘托生命的高贵

生命因爱而动人。爱具有无比神奇的力量，它既能温暖人心，又能帮助人来成就大业。只有爱具有无与伦比的力量，使人们对你敞开心扉；你只有热爱你所做的事业，才会产生不可战胜的力量。

爱是世间最美的事物，它的力量无与伦比！有一首歌叫做《爱的奉献》，其优美的歌词和旋律充分表达了爱的神圣力量：

这是心的呼唤，
这是爱的奉献，
这是人间的春风，
这是生命的源泉。
在没有心的沙漠，
在没有爱的荒原，
死神也望而却步，
幸福之花处处开遍，
啊，
只要人人都献出一点爱，
世界将变成美好的人间。
……

爱具有巨大的场能，它能传导一种神圣的力量，从而改善生命。在爱的场能作用下，爱与被爱的人们还可以产生巨大的合力，从而达到“人心齐、泰山移”的效力。爱的形式多种多样，诸如敬爱、情爱、友爱……无论何种形式的爱，都能使爱的双方产生力量。因此，我们要时刻保持着爱的意愿，全力奉献我们的爱心，爱这个世界上所有可爱的事物，让爱的神圣力量在生命中发挥作用。

我们要有博爱的胸怀，爱人、爱动物、爱植物、爱高山流水、爱蓝天白云……爱世界上一切可爱的事物。我们付出的爱越多，我们得到的爱也就越多，我们就会在爱的合力下让自己的人生升华。

要想得到关爱，就付出你的关爱，要想得到友爱，就付出你的友爱。爱的作用是相互的，友情的作用是相互的。因此，我们应该努力让世界充满爱。

我们关爱亲人，胜过给他们更多的金钱；关爱他人，可以获得珍贵的友谊；关爱顾客，可以赢得整个市场！

下面让我们分享一个充满爱心和智慧的故事，很多人都看过这个故事，但只有具有爱心的人才能从中体会到爱的神秘力量。

一天夜里，已经很晚了，一对年老的夫妻走进一家旅馆，他们想要一个房间。前台侍者回答说：“对不起，我们旅馆已经客满了，一间空房也没有剩下。”看着这对老人疲惫的神情，侍者又说：“但是，让我来想想办法……”这个好心的侍者开始为这对老人解决房间问题。

叙述到这里，你希望下面有一个数学的继续，还是愿意得到一个文学的结局？但不管怎样，数学和文学都把这个问题解决了。

数学的故事是这样发展的：

侍者叫醒旅馆里已经睡下的房客，请他们换一换地方：1 号房的客人换到 2 号房间，2 号房的客人换到 3 号房间……以此类推，直至每一位房客都从自己的房间搬到下一个房间。

这时奇迹出现了：1 号房间竟然空了出来。侍者高兴地将这对老年夫妇安排了进去。没有增加房间,没有减少客人，两位老人来到时所有的房间都住满了客人，但是仅仅通过让每一位客人挪到下一个房间，结果第一个房间就空了出来。

这是为什么呢？原来，两位老人进的是数学上著名的希尔伯特旅馆，它被认为是一个有着无数房间的旅馆。这个故事是伟大的数学家大卫·希尔伯特所讲述的，他借此引出了数学上的“无穷大”的概念。这一概念对于这门学科来说之重要，可以说如果没有它，我们就很难想象数学将如何存在。

只要会数数的人都知道，每一整数都有一个后继者直至无穷，而在希尔伯特旅馆里，每间房子后面都会有一间直至无穷。从表面上看，这个数学的继续只是在说明数学是一门关于无穷大的科学。其实这里最重要的还是要有爱心，想象一下，有无限多的客人向自己的下一个房间移动，就有无限次的爱心传递，就说明爱心更具有无穷大的力量。

好了，我们回到侍者说“让我来想想办法”的地方。文学的故事是这样继续的：

侍者不忍心深夜让这对老人出门另找住宿，而且在这样一个小城，恐怕其他的旅店也早已客满打烊了，这对疲惫不堪的老人岂不是会在深夜流落街头？于是好心的侍者将这对老人引领到一个房间，说："也许它不是最好的，但现在我只能做到这样了。"

两位老人见眼前其实是一间整洁又干净的屋子，就愉快地住了下来。第二天，当他们来到前台结账时，侍者却对他们说："不用了，因为我只不过是把自己的屋子借给你们住了一晚。祝你们旅途愉快！"

原来，侍者自己一晚没睡，他就在前台值了一个通宵的夜班。

两位老人十分感动。老头儿说："孩子，你是我见到过的最好的旅店经营人，你会得到报答的。"

侍者笑了笑，说这算不了什么。他送老人出了门，转身接着忙自己的事，没多久就把这件事情忘了个一干二净。

可是没想到有一天，侍者接到了一封信函，打开一看，里面有一张去纽约的单程机票并有简短附言，聘请他去做另一份工作。他乘飞机来到纽约，按信中所标明的路线来到一个地方，抬眼一看，一座金碧辉煌的大酒店耸立在他的眼前。

原来，几个月前的那个深夜，他接待的是一个有着亿万资产的富翁和他的妻子。

而这个富翁专门为这个侍者买下了一座大酒店，深信他会经营管理好这个大酒店。这就是全球赫赫有名的希尔顿饭店首任经理的传奇故事。

事情都是从一个富有同情心、满怀仁爱的侍者的智慧头脑开始："让我来想想办法……"进入数学的领域，需要的一定是严密的逻辑，合理的推论及精确的求证；来到文学的天地，凭借的却是美好的人性，动人的情节和意外而圆满的结局。但你发现没有？不管是文学还是数学，结局都很神奇——爱的力量原来是能够产生奇迹的。

这个故事告诉我们：无论何时，都要保留你的爱心，只有你真诚地爱才能发挥你全部的智慧，帮助他人创造出奇迹来。同时，这种奇迹有一天也会发生在你身上。

有了爱，你就有了美梦，你就具备了美德；具有了爱，你就拥有了成功人生的无限动力。朝前走吧，让你的爱去温暖世界！

在友情天地轻舞飞扬

我是生命的一员，所有生命都爱我、支持我；无论走到天涯海角，我都拥有最好的朋友，我用爱与欢乐充实自己的生活；聚时尽兴，散时独乐……这就是真实存在的我，对此我完全接受。我的友情天地，一切皆好。

人是一种人际关系动物，必须生活在人际关系层面，人际关系的互动构成人们的自我感知和自我观念。同时，人每时每刻都会对身边的他人存在着关系联想，这是一种精神自慰式的自我安慰。联想别人对自己投情，凭空就有了对自己的良好感觉。

伟大的美国哲学家、作家爱默生写过一篇谈论友谊的文章，他把友谊比作琼浆玉液。他阐述说，伴侣关系中的人们往往试图去改变对方，但朋友之间不会互相干涉，而是用欣赏、尊敬的目光打量彼此。事实上，友谊是我们最持久、最重要的一种关系。没有爱人或配偶，我们可以活下去；没有家庭成员，我们也可以活下去；但是，如果没有朋友，我们大多数人都无法快乐地生活。

朋友可以是核心家庭的一种延伸，也可以替代核心家庭。我们大多数人都极其渴望与他人分享生活体验。当朋友之间的纽带关系趋于紧张时，我们可以去童年的阴影中寻找原因。或许是该给心灵做大扫除的时候了。打扫心房中长期以来积累起来的负面信息，有点儿像吃了很久垃圾食物后开始实施营养健康计划。随着饮食的改变，你的身体会排出一直残留在体内的有毒物质，而你会因此在头一两天里感觉更糟，但之后会有所好转。假如你的心房积满负面信息，你就要下决心改变思维模式，让生命享受人间友情。也许你的处境会暂时恶化，但别忘了，你得拨开厚厚的杂草才能接触到底层的沃土。不管怎样，你一定可以做到！你能行！

在中国传统文化中，有很多关于人与人交往的处世哲学。如：“别往伤口上撒盐，留心别人的忌讳，不要触碰别人的痛处”、“说话投其所好，得捧人时需捧人”、“不去热殿拜佛，只去冷庙烧香”、“伸手不打笑脸人，恭维话人人爱听”、“礼多人不怪”、“难得糊涂”，等等。这些处世哲学是民间对人际关系的一些朴素经验。

在人际关系方面，心理学家舒茨的三维人际关系理论认为，人有三个方面的需要：包容的需要、控制的需要和感情的需要。这些需要，基本每个人都是具备的，只是必须保持一个合适的点，偏离这个点，人际交往的问题就显示出来了。我们可以根据这三种基本人际需要和我们平时经历的事情，回想自己的行为，对我们的感情问题的原因进行解释。也就是说，这个理论可以告诉你，可以对自己的行为进行反省，从而找出问题所在。

包容的需要的字面意思已经很清楚了，这是一种希望跟别人建立并且维持某种和谐关系的需要。这个需要有一些表现：交往、沟通、归属、参与、融合。也就是说，你在行为中表现出这些方面，你的包容需要做得好。它的反面就是降低与别人交往的水平，甚至减少交往。它的表现是：孤立、退缩、疏离、忽视、排斥。

控制需要是指在影响力上与别人建立并维持这种良好关系的需要。这种需要激发出来的行为是在交往过程中，通过运用权力、权威，来控制、支配和领导别人。生活中一些喜欢对别人发号施令的人这种需要表现得特别明显，很多情况下，因为这方面太明显、太突出，跟别人的关系可能会弄得很僵。控制需要的反面，就是在跟别人交往的时候表现出抗拒权威、受人支配或追随别人的特征。

感情需要是指在感情与爱情上与别人建立和维持亲密联系的需要。就是每个人都有爱人与被爱的需要。感情需要的正向的表现是：喜爱、亲密、同情、友善、热心、关怀等。反向表现是在人际交往上冷漠、厌恶、憎恨。

舒茨认为，一般情况下，每种需要的表现都有一个最合适的水平。理想的情况是，一个人用充分适当的行为来使某种需要得到满足，并不再坚持这种需要。但是在生活中，包容需要方面，或表现为持续的退缩，或持续进行交往和寻求别人注意；支配需要方面，则要么不能引导别人或者对别人提出要求，要么就总是坚持别人总要听从自己；感情需要方面，要么避免在别人身上有感情卷入，要么总是试图用一种非常亲密的方式与别人保持接近。

其实，我们可以把舒茨的三维人际关系理论这样粗略地理解，即将人与人之间的交往可以分为两个基本层次：一个层次是以情感定向的人际交往，比如亲情、友情、爱情；另一个层次是以功利定向的人际交往，也就是为实现某种功利目的而交往。

在人际交往中，友谊不拒绝功利。人际交往的最基本动机就在于希望从交往对象那里得到自己需求的满足。这种满足，既有精神上的，也有物质上的。所以，按照人际交往的互利原则，人们实际上采取的策略是既要感情，也要功利。

不管是感情还是功利，既然人际交往是互利的，是为了满足双方各自的需求，那么人际交往的延续就有一个必要的条件：交往双方的需求和需求的满足必须保持平衡。否则，人际交往就会中断。也就是说，人际交往的发展要在双方需求平衡，利益均等的条件下才能进行。我们要想使别人从内心深处真正接纳我们，就必须保证别人在同我们共处的时候，能够实现对情境的自我控制，保持表现自己的自由。

尽管人际双方很多情况下影响力存在着不平衡，但友情的作用还是不可低估的，它可以让人安顿失落，享受抚慰，鼓舞心灵，让生命充满张力。温煦的友情永远是生命的乐园！

善学习才有生命乐趣

英国散文家理查·斯蒂尔爵士说过这样的话："阅读之于心灵，犹如运动之于身体一样重要。"的确如此！学习会点亮人生。

人的爱好多种多样，有的喜欢爬山，有的喜欢打球，有的喜欢游泳，有的喜欢跑步，有的喜欢唱歌，有的喜欢跳舞……具体到每一个人，把什么当成自己的爱好，主要靠自己去选择。如果选择学习，把学习培养成为一种个人爱好，那会让你的生命能有能量！

孔子说："知之者不如好之者，好之者不如乐之者。""知之"偏重于理性约束；"好之"触及了人的情感因素；"乐之"表示对学习有了较深的感情。所以，"乐之"是学习的最高境界。

学习的乐趣不能靠别人给予，只能由自己去感悟和体验。《四时读书歌》与《四时读书乐》同样是描写四季读书的诗，意境和心境却有天壤之别。

《四时读书歌》是一首打油诗，出处和作者不详，版本也有许多，但大体意思相差不多，其中一个版本这样写道："春天不是读书天，夏日炎炎正好眠，过了秋天又冬至，收拾书箱过新年"。在没有学习爱好的人看来，一年四季，很难找到读书的好时候。

宋元时期学者翁森的《四时读书乐》，则为我们描述了另一番情景：春天"蹉跎莫遣韶光老，人生惟有读书好。读书之乐乐何如？绿满窗前草不除"；夏天"北窗高卧羲皇侣，只因素稔读书趣。读书之乐乐无穷，瑶琴一曲来薰风"；秋天"近床赖有短檠在，对此读书功更倍。读书之乐乐陶陶，起弄明月霜天高"；冬天"地炉茶鼎烹活火，心清足称读书子。读书之乐何处寻？数点梅花天地心”。全诗紧扣一个“乐”字，表现了读书人一年四季陶醉于读书的雅趣。

学习的乐趣可以从三个方面去体验：

1. 打破“眼界局限”的乐趣

《增长的极限》一书中有这样一段话：“一个人的眼界局限于太小的领域，是件令人扫兴而且危险的事。一个人全力以赴，力求解决某些刻不容缓的局部问题，结果却发现他的努力在更大范围内发生的世界面前失败了。”由此可见“眼界局限”束缚着人们发展的自由。一旦打破这种“眼界局限”，人们就会享受到获得自由发展的乐趣。

2. 提升人生境界的乐趣

人为什么工作，怎样生活才有价值？对于诸如此类的问题，不同的人会有不同的回答。马克思在《青年在选择职业时的考虑》写道：“如果我们选择了最能为人类福利而劳动的职业，那么，重担就不能把我们压倒，因为这是为大家而献身；那时我们所感到的就不是可怜的、有限的、自私的乐趣，我们的幸福将属于千百万人，我们的事业将默默地、但是永恒发挥作用地存在下去。而面对我们的骨灰，高尚的人们将洒下热泪”。写这段话时，马克思只有 17 岁。后来，马克思投身于无产阶级革命事业，对共产党人的价值观有了更为深刻的阐述。《共产党宣言》指出：“过去的一切运动都是少数人的或者为少数人谋利益的运动。无产阶级的运动是绝大多数人的、为绝大多数人谋利益的独立运动。”“为绝大多数人谋利益”，这九个字既是无产阶级革命运动的宗旨，也是马克思、恩格斯对革命人生观和价值观的高度概括。

3. 拓展“认知空间”的乐趣

古希腊哲学家芝诺用大圆和小圆比喻人所获得知识的多寡。他说，大圆的圆周比小圆的圆周大。同样道理，掌握较多知识的人，比知识较少的人所接触到的认知范围要大。知识越多，越容易感到自己不懂的东西多。爱因斯坦把芝诺的这一比喻作为座右铭。他说：“用一个大圆圈代表我所学的知识，但是圆圈之外那么多空白，对我来说就意味着无知。而且圆圈越大，它的圆周就越长，它与外界空白的接触面也就越大。由此可见，我感到不懂的地方还多得很呢”。学习可以把“小圆”扩充为“大圆”；持续学习可以填补“大圆”外面的空白。这种无止境的追求，蕴含着极大的乐趣。

为了把知识的“小圆”扩充为“大圆”，进而填补“大圆”外面的“知识空白”，应该注意以下几点：

（1）任何时候都不要认为自己什么都懂。不管别人怎样称赞你，夸奖你的知识多么渊博，都要有勇气承认自己是一个门外汉。当对方看出你真想从头学起时，才会把他的专业知识告诉你。

（2）要大胆地提出你需要了解的问题，善于追问、探索，直到把自己不懂的东西弄明白为止。美国有一句谚语：“没有令人受窘的问题，只有令人受窘的回答。”南斯拉夫也有一句谚语：“没有愚蠢的问题，只有愚蠢的回答。”我们不必为自己提出难以回答的问题而抱歉。

（3）不要向别人卖弄自己的知识。在多数场合，炫耀会带来两种不利后果：一个是对方以为你什么都知道了，没有必要再去重复你已知道的东西；再就是炫耀会引起对方的反感。一旦出现这两种尴尬的局面，别想再学到什么了。

（4）千方百计扩大自己知识的“入口处”。我们经常可以接触一些有专长的人。只要时间允许，要尽量让他们多谈一些与他们的专业有关的知识。如能长期坚持这样做，就会由不知到知，由知之甚少到知之较多。弥补知识缺陷的过程，是一种愉快的享受。

此外，也许有的人会问：“每天工作那么忙，哪有时间读书？”“忙”的确可以成为不读书或者少读书的借口。“忙人”究竟有没有时间读书？要回答这个问题，有必要对忙人支配时间的特点和规律作一点分析。

各条战线都有“忙人”。他们一年到头忙个不停，即使节假日也不例外。然而，换一个角度来观察，“忙人”几乎每天都有大量长短不一的“缝隙时间”。如果把这几分钟、几十分钟的“缝隙时间”积攒和利用起来，那么，就会挤出许多可供读书的业余时间。

“忙人”的时间有三个特点：首先是不完整性。他们的时间大多被一个接着一个的重要事情切割得支离破碎。他们不可能像专家、教授那样，一连几个月专心致志地研究一个课题，只能在繁忙的工作间隙想方设法利用一些零星的时间。

其次是不均衡性。有时可供支配的时间多一点，有时可供支配的时间少一点，不仅年与年不同、月与月不同，就是一天和一天之间，可供支配的时间长度也不一样。

再次是不规律性。“忙人”的时间没有一定的周期和规律，往往呈现出很不规则的状况。

根据上面谈到的特点，"忙人"应该在实践过程中探索出适合自己的支配时间的公式。这个公式可简要表述如下：

24 小时－（A+B+C+D+X）=Y

Y= 每天实际用于学习和写作的时间，A= 每天上班时间，B= 用餐时间，C= 睡眠时间，D= 从事必要家务劳动时间，X= 无故消耗掉的时间。

在这个公式中，一天的 24 小时是固定不变的；每天上班时间、用餐时间、睡眠时间、从事必要家务劳动时间这四项基本上是一个"常数"，具有相对稳定性。经常变动的只有两项：一是用"X"表示的无故消耗掉的时间；二是用"Y"表示的实际用于学习和写作的时间。

假设一个人每天上班时间为 8 小时、用餐时间为 2 小时、睡眠时间为 8 小时、从事必要家务劳动时间为 2 小时，根据支配时间的公式，可以推算出 X+Y=4 小时。也就是说，每天除去上班、用餐、睡眠、从事必要家务劳动之外，还有 4 个小时的剩余时间。在这 4 个小时中，一部分用于业余学习和写作；一部分被无故消耗掉了。时间观念越强，对时间越珍惜，无故消耗的时间就越少，留给我们可供支配的业余学习时间就越多；反之，无故消耗掉的时间越多，留给我们可供支配的业余学习时间越少。

这一支配时间的公式与普通数学公式不同。普通数学公式对任何人来说都是平等的，但是，支配时间的公式却无"平等"可言。有的人一天 24 小时安排得非常充实，利用率很高；有的人每天总有几个小时不知道从哪个环节上溜掉了，因而无法使这一公式保持平衡。

有的家庭建立了“收支明细账”，那有志于读书的年轻人能不能也建立一本“剩余时间利用情况明细账”？有了这本时间利用“明细账”，过一段时间，可以把账本翻出来，检查一下自己业余时间的利用率是高还是低，有没有白白浪费的时间。要确立这样一个理念：“支出了时间，就必须学到新的知识！”要收大于支，不要支大于收，更不能只有时间支出，没有知识收获。有了惜时如金的理念，时间利用率就会显著提高。

既然时间有了，那“忙人”们就可以把它充分利用在学习上了。其实对“忙人”们来说，学习的乐趣远不止前面所提到的三点。更主要的是，学习可以让“忙人”不断提高“忙”的效率，还可以更科学、合理地安排好工作时间。爱上“学习”之后，忙人们会发现自己的生活都在潜移默化，快乐有了更丰富的表现方式。

学习就像蜜蜂酿蜜，辛勤之后的回报是香甜的花蜜；学习就像炼金，不断地提炼生活的精华。谁懂得这个道理，谁就领略了学习的真谛，而更重要的是找到了生命的乐趣。

享受工作带来的乐趣

我国著名数学家苏步青说：“工作就是享受”。只有懂得在工作中发现乐趣的人才能工作得更好；只有懂得享受工作的人，才会赢得快乐。

说到享受，人们很自然地想到吃好、穿好、玩好，很难与努力工作挂上钩；认为努力工作，殚精竭虑，呕心沥血，寝不安席，食不甘味，是吃苦受累的事，不能算什么享受。其实不然，享受的内涵非常丰富，努力工作也是一种享受。“愉快工作、健康生活”的方式所强调的，恰恰在于工作应该是愉快的，而只有愉快的工作，健康生活才有了保障。

如果你不想让“我对我做的工作感到满足”这句宣言成为现实，也许下面列出的某些思想限制了你：“我无法忍受这个工作”、“我恨我的老板”、“我挣的钱不够多”、“他们不赞赏我的工作”、“我无法在工作中与人相处”、“我不知道我想做什么”，等等。这些都是消极的、错误的思想。你认为这类思想会让你爬到多高的职位？事实上，它们只会把你引向失败。

如果你正在做不想做的工作，如果你想改变你的地位，如果你在工作中遇到了问题，或者你还没有工作，最好的办法是，向自己声明：“我总是为最好的老板工作”、“我的老板总是对我很尊敬、很欣赏”、“我的老板很有雅量，很容易相处”。这些话语会永远伴随你，帮助你取得成功，你在工作中也会真实地体会到工作的快乐。

人生苦短，任何人不可能没有烦恼。一个人如果把心思和精力集中在工作上，就没有那么多闲心思去埋怨工作的劳苦，更不会无事生非，惹出许多麻烦来，才能尽情享受努力工作带来的成功喜悦。纵观历史长河，古今中外凡成就事业、有所作为者，无不是脚踏实地、艰苦攀登的人。

在一个建筑工地，三个工人正在那儿砌墙，有人问：“你们在干什么呢？”第一个工人没好气地说“你没看见吗，砌墙啊！”第二个工人抬头笑笑说：“我们在盖一幢高楼。”而第三个工人，边干活边笑容灿烂地说：“我们正在建设一座新城市！”十年以后，第一个工人在另一个工地上继续砌墙；第二个工人成了工程师，在办公室中画图纸；而第三个工人，成了前两个工人的老板。

我们不禁要问这三个人干着相同的工作，为什么结果却不尽相同呢？因为他们三个人对于工作的态度不一样。我们可以把他们分成三种类型。第一种人是把工作当做是纯机械性的，只要完成任务，做完事情就可以了；第二种人是把工作当做具有挑战性的，在工作中不断培养自己的专长，提高能力；第三种人是把工作当做具有创造性的，在工作中实现自身的价值。所以作同样工作的人，所持的心态不同，将来发展的结果就不一样。

热爱工作，工作就是一片“乐园”；厌烦工作，工作就是一座“地狱”。那种不思进取，厌烦工作，对工作敷衍了事的人，永远与工作上的享受无缘。只有热爱工作，努力工作，把工作当事业干的人，才能深刻感知工作的魅力、乐趣与崇高。

有些人本身是有一定能力的，因为屡次求职失败而对自己失去信心，因为害怕再次失败而拒绝尝试，觉得自己不适合做某个工作，或者说自己的能力仅此而已。其实人生是个无限开阔的领域，就怕给自己设限。还有些青年在能力上有一定的欠缺，但是目标却定得很高，一旦达不到目标就会滋生太多的挫折感。那么，刚参加工作的年轻人首先要把目标降低一点，不盲目好高骛远，要让自己可以达到目标以树立信心；其次就是增加自己的能力。

设定好目标后，就要专注于自己的工作，从把工作只看成是一种责任，到变成一种乐趣，继而享受工作的全过程。端正态度，定准目标，专注于所从事的工作，其实工作中的快乐离我们并不遥远，每一个人都能收获属于自己的成功。

任何一种技术，都可以从技术变成艺术，但要具备以下两个条件：一是要不断磨炼技术。因为技术纯熟之后，从外在的学习规则到规则内化，变成内在的本能。最耳熟能详的故事就是庖丁解牛，庖丁不是天生就会解牛，他也是通过长期的磨炼而成的。二是必须具有创意。我们的工作日复一日，年复一年，开始时会觉得很新鲜，时间长了不免无聊。要让自己在观念上感觉到今天跟昨天不一样，把所有外在的条件都当做一个新的机会，这样工作就可以避免重复而乏味的困扰。

我国著名女作家冰心曾说："工作者是美丽的"。不是吗？工作中你要收拾心情，打起精神；工作中你要衣着整齐，在意形象；工作中你要继续学习，紧随时代。

工作是安身立命的基石，是与社会沟通的平台，是与人交流的场所，是人"社会化"的过程，是人格独立的心理依据。

当然，工作也会有许多烦恼，美国职业问题专家简·鲍彻做过一项调查，差不多有87%的员工不喜欢他们现在所从事的工作。怎么办呢？答案只有一个：学会喜欢你的工作！为此，简·鲍彻为快乐工作提出如下几条指导忠告。

1. 尽量避免抱怨

经常看到事物坏的一面是人类的本性，但总是看到坏的一面会使事情变得更加糟糕。试着把目光投向事物的光明面，而这样做的好处，你就会感觉好一些。

2. 建立良好的工作关系

如果讨厌与你共事的人，你就会讨厌自己的工作。人无完人，而人对别人的要求又往往苛刻。这就是职场中令人困惑的一点。因此，沟通、谅解、包容是非常重要的，肯定他人，欣赏他人，不要在意他人的缺点，有机会组织团队活动。能做到这些，你就会在工作中感到快乐。

3. 创造属于你自己的特别项目

你是否会发现改善单位现状的特别项目和积极建议，可以为单位带来权益。如此你会感到参与工作的热情给你带来的快乐。

4. 学习新知识

扩大你的工作技能范围，提升你在单位的价值。当你感到自己有“用武之地”的时候，你会感到工作的快乐。

5. 忘我投入地工作最快乐

确切地说，从事自己喜爱的工作，人才会忘我投入，才是最快乐的。假如不喜欢自己所从事的工作，一是让自己喜欢，二是让自己跳槽。积极改变位置，从中寻找快乐。

6. 不要轻言放弃

以上各种方法，并非每一种都能奏效，但这并不意味着你可以放弃努力。只要你尽了最大努力，并持之以恒，你离爱上自己的工作就不远了。

随着社会发展及人类进步，“上班”并非工作的唯一标志。有的人因特殊工作将办公室搬到家里，既节省路途时间又减少人际关系麻烦，做自己喜欢的工作，也会从中得到快乐。

一分辛苦，一分收获。当你看着自己辛勤工作有了沉甸甸的收获时，怎能不激动和欣喜呢！这种成功的幸福喜悦，就是一种实实在在的享受！

幸福让生命感受温馨

幸福是一种感觉，不同的人对幸福的感觉也不同。从根本上说，幸福取决于你是一个什么样的人，而不在于你拥有什么。

幸福是一种巨大的力量，拥有幸福的人就会精神倍增、意气风发、充满斗志地去创造更加幸福的生活。世界在幸福者的眼里一切都是美好的，它给人的总是正面的力量。

汪国真有一首很美妙的诗叫做《嫁给幸福》，诗中写道：

有一个未来的目标

总能让我们欢欣鼓舞
就像飞向火光的灰蛾
甘愿做烈焰的俘虏
摆动着的是你不停的脚步
飞旋着的是你美丽的流苏
在一往情深的日子里
谁能说得清
什么是甜什么是苦
只知道确定了就义无反顾
要输就输给追求
要嫁就嫁给幸福

这就是人类追求幸福的艺术写照。幸福其实就是一种感觉，在同样的际遇中有的人在欣赏着幸福，有的人却在感叹着痛苦。是不同的人生观造成了人们对于幸福的不同感觉。

要想创造幸福的人生，首先就要建立乐观向上的人生观。让我们看一个故事：

有三个人要被关进监狱三年，监狱长给他们三人一人一个要求。美国人爱抽雪茄，要了三箱雪茄。法国人最浪漫，想要他美丽的妻子来狱中相伴。而犹太人说，他要一部与外界沟通的电话。

三年过后，第一个冲出来的是美国人，嘴里鼻孔里塞满了雪茄，大喊道："给我火，给我火！"原来他忘了要火了。

接着出来的是法国人，只见他右手抱着一个小孩子左手拉着他的妻子；而他美丽的妻子手里牵着一个小孩子，肚子里还怀着第三个。

最后出来的是犹太人，他紧紧握住监狱长的手说："这三年来我每天与外界联系，我的生意不但没有停顿，反而增长了百分之二百，为了表示感谢，我送你一辆劳斯莱斯！"

这个诙谐幽默的小故事告诉我们，具有不同人生观的人在相同的环境中也会选择不同的生活，因为他们对个人幸福的追求是不同的。有什么样的追求就会有什么样的结局。今天的生活状态是由以前我们的追求决定的，而今天我们的追求将决定我们以后的生活。我们要树立积极的人生观、价值观、幸福观，才能充分发挥自身的能力，从而更好地创造自己的未来。

幸福是衡量一个人是否成功的价值根本。幸福常常化装成财富、成就、爱情来打动人们，激起人们的热情，让人们为追求它而奋斗。因为有了幸福，人生的意义就变得更加丰富多彩了。

无数哲学家都把人生的意义归属于幸福，可幸福究竟是什么，却没有完整的定义，幸福有时是一朵鲜花，有时是一首动听的歌，有时只是感人的一句话。不管幸福是什么，幸福都有着巨大的能量，令人感动，催人奋进，这就是幸福的伟大力量所在。

其实在我们需要的时候能得到满足，就是一种最现实的幸福。下面的故事正说明了这一点。

有一个人，他生前善良且热心助人，所以在他死后，升上天堂，做了天使。他当了天使后，仍时常到凡间帮助人，希望感受到幸福的味道。

一日，他遇见一个农夫，农夫的样子非常苦恼，他向天使诉说："我家的水牛刚死了，没它帮忙犁田，那我怎能下田作业呢？"

于是天使给他一只健壮的水牛，农夫很高兴，天使在他身上感受到幸福的味道。

又一日，他遇见一个男士，男士非常沮丧，他向天使诉说："我的钱被骗光了，没盘缠回乡。"

于是天使给他银两做路费，男士很高兴，天使在他身上感受到幸福的味道。

又一日，他遇见一个诗人，诗人年青、英俊、有才华且富有，妻子貌美而温柔，但他却过得不快活。

天使问他："你不快乐吗？我能帮你吗？"

诗人对天使说："我什么也有，只欠一样东西，你能够给我吗？"

天使回答说："可以。你要什么我都可以给你。"诗人直直地望着天使："我要的是幸福。"

这下子把天使难倒了，天使想了想，说："我明白了。"

然后把诗人所拥有的都拿走。

天使拿走诗人的才华，毁去他的容貌，夺去他的财产和他妻子的性命。天使做完这些事后，便离去了。

一个月后，天使再回到诗人的身边，他那时饿得半死，衣衫褴褛地在躺在地上挣扎。于是,天使把他的一切还给他。然后，又离去了。

半个月后，天使再去看看诗人。这次，诗人搂着妻子，不住地向天使道谢，因为，他得到了幸福。

你曾觉得孤寂？你曾尝过幸福的味道？孤寂、璀璨本就是形容词，所有的形容词都是比较的。没尝过孤寂，又怎知何谓璀璨的人生？孤寂又岂非人生之必经？人很奇怪，每每要到失去，才懂得珍惜。其实，幸福早就放就在你的面前：肚子饿坏的时候，有一碗热腾腾的拉面放在你眼前，是幸福；累得半死的时候，扑上软软的床，也是幸福；哭得要命的时候，旁边温柔地递来一张纸巾，更是幸福。

幸福本没有绝对的定义，平常一些小事也往往能撼动你的心灵，幸福与否，只在乎你怎么看待。

我们必须知道，其实幸福就在我们身边，幸福常常就是在不经意间就降临到我们的身边，只要我们有善于捕获幸福的灵感，幸福是无处不在的。

品尝成功之后的喜悦

人活一世，毕竟都有失败，一次次的失败，换回了我们一次次的成功。其实，成功由两种因素组成，一种是苦，一种是乐；许多苦与许多乐加起来才等于成功。但只有你成功了，才会尝到真正的喜悦。

说到成功，生活中我们每个人都有成功后喜悦的那一刻，这种喜悦是来自心灵深处最美的感觉。每个人都希望成功，每个人都希望人生的道路上平坦，但是要想成功就必须经历坎坷，因为只有经过磨难之后得到的成功，才会让你更加珍惜，才会让你发自内心的喜悦。

人们常说，在追求成功的过程中，在实现理想的奋斗中，对于追求者来说，虽然会历尽百般磨难，但是，当他回首往事的时候，他会感觉到那是他最值得回忆、最幸福的一段时光。孟子曰："故天将降大任于斯人也，必先苦其心智，劳其筋骨，饿其体肤，空乏其身，行拂乱其所为，所以动心忍性，增益其所不能"。就明确地指出，成功者必须经历磨难，才能承担"大任"，并不负"大任"。

每一次经历，都是一种成就。所以不管怎样，经历过的都是一笔财富。究竟什么叫做"失败"？它是不是指你所做的事未能达到你的期望值？经验的定律时常都很公平，如果我们把自己的思想和信念完美地表达出来，就不会失败。一个人觉得他失败，一定是他忽略了必定要走的某一步；或者他对自己缺乏信心，以为自己再不会成功，所以放弃了他未走完的路。

这就和我们使用计算机一样。如果我们的计算机出错，通常是因为我们没有遵守计算机本身的使用规律。这意味着我们要另外学习一些计算机的相关知识。

有句老话说："如果你第一次没有成功，那就再试第二次，第三次。"这句话非常正确。但这并不是说你应该第二次、第三次都摔倒在同一个地方。这句话的意思是说，你应该认识到你的错误，然后尝试另外的方法，直到你做正确了为止。

从一个成功走向另一个成功是我们与生俱来的权力。如果我们并没有将它变为现实，可能是因为我们还没有认识到自己某些方面的能力，也可能是因为我们不相信它会在我们自己身上实现，或者是我们没有意识到我们的成功之处。

“只有经历过失败的痛苦，才能品尝成功的喜悦”、“吃得苦中苦，方为人上人”、“失败乃成功之母”，这些话包括了深刻的人生道理，让人回味无穷。不管你把自己看成失败者已有多长时间，你现在都可以开始创造“成功”的模式。不管你想介入的是哪一个行业，原则都是一样的。我们需要播下成功的“种子”。这些种子终有一天会结出累累硕果。

这里有一些你可以应用的“成功”宣言：

神圣的天赋给予我所需要的全部灵感；

我遇到的每一件事都是成功的；

人人有份，我也在其内；

我有足够多的客户需要我的服务；

我建立了成功的新概念；

我进入了成功循环圈；

我是吸引财富的磁铁；

世界对我的佑护超出了我最好的梦想；

每一种财富都被我吸引；

对我来说到处都是黄金般的机会。

选择任意一句宣言，重复朗读几天。然后再挑选一句，重复朗读几天。用这些思想填充你的头脑。不要担心“怎样”实现，因为机会将来到你身边。要相信你的天赋将会指引你走向成功，你会在生活的各个方面获得成功，成功就是你原来的价值。

成功总是辉煌、华丽的，它是每个人都向往拥有的宝贝，在品尝成功喜悦的同时，还要牢记：成功不是轻易可以得到的，成功是靠付出汗水和努力得到的。在走向下一次成功的路上，我们也不能自满、傲慢，须知人外有人，天外有天；我们还要抱着不服输的态度在这条路上执着顽强地走下去。如果能做到这些，那么我们就会一次次地取得成功，一次次地品尝成功的喜悦！

破茧成蝶，只在瞬间。成功与否，只在你一念之间。

分享爱的浪漫与甜蜜

浪漫是人类在情爱生活中激发出来的无穷无尽的生命创造力。这种生命创造力没有一定之规，在山可以长啸，在海可以遨游，可以是风，可以是雨，可以是闪电雷鸣，只要爱没有止境，浪漫就没有止境。

爱，有的时候不需要山盟海誓的承诺，但她一定需要细致入微的关怀与问候；爱，有的时候不需要梁祝化蝶的悲壮，但她一定需要心有灵犀的默契与投合；爱，有的时候不需要雄飞雌从的追随，但她一定需要相濡以沫的支持与理解。

有些事情一旦成了习惯，就像我们周身的空气一样，缺不得。浪漫也可以是一种习惯。浪漫的习惯需要用心培养，九百九十九朵玫瑰、月夜下的海滩、烛光晚餐、跪地求婚、教堂婚礼、携手度日、慢慢变老……这些都是浪漫的事，虽然不是每条都适用，但却是最直接、最动人的表达方式。浪漫是一种随时随地的习惯，浪漫是发自内心的激情。

生活中的浪漫可以体现在无数的细节中，并不一定要像有些故事所叙述的那样轰轰烈烈。只要我们彼此用心，同样可以让两人的生活增添更多的浪漫与甜蜜。以下这些技巧，就能让你的生活平添一些浪漫与甜蜜。

（1）幽默感。无论在什么情况下，幽默感都不会是个讨人厌的角色，笑倒在一起的甜蜜更是能快速地解除危机或治疗受伤的情绪。

（2）纪念日。纪念不一定非要有个特别的理由才行，可以随时发挥想象力创造庆祝的理由，不管是雨雪天、大风天，或是好不容易排了三小时才买到电影票……都可以是浪漫一下的好理由。

当然，最重要的结婚纪念日绝对不要遗忘，让彼此都回想起最初心跳的感觉，就是最好的加温方式！

（3）拥抱。轻轻的一个拥抱能够融化一颗层层防御的心。当你为他斟上一杯香醇的咖啡时，别忘了多加上一个体贴的拥抱，这可比糖和奶精更让他甜在心里呢！

（4）满足。这是常被低估掉的部分，总以为结了婚，还有什么不满足的呢？跳上前往巴黎的飞机疯狂购物，或是前往只为一顿烛光晚餐的罗马，这些都只能算是新奇的花招罢了。学着给予尊重，让彼此站在同一个高度，分享共同的人生视野。

（5）调情。这不是热恋中的情侣专有的特权，婚姻中的你们拥有更多理直气壮的理由可以这样做。用一个迂回的方式来邀请他共进午餐，牵起他（她）的手或是紧紧地搂着他（她），让他（她）有一个温暖的依靠。按摩他紧绷的肩膀，顺势在他颈后磨蹭，或是以视觉、听觉或香味抓住他的注意力，让他的双眼在你身上多停留几秒。浪漫，就从舍不得离开的眼神开始蔓延……

（6）亲密时刻。拥有分享的亲密时刻。试着没有压力的共享彼此的想法和价值观。甚至，先具体地从共享一个衣橱、浴室，逐步开启你的浪漫神经。

（7）我的心里只有你。还处在约会阶段时，要你们松开彼此的手是多么难的一件事。那么，结了婚，这样甜蜜的镜头就不见了吗？安排个别出心裁的约会来为你们的感情打打气吧！或者就带着心爱的人，在愉快的周末出走，找间富有情调的度假饭店，好好浪漫一下。

（8）临别一吻。你绝对想不到，当你急着出门时的匆匆一吻有多么大的魔力。临别的一吻能把你们彼此的心紧紧地系住，让你一整天都沉浸在甜甜的亲密中，好像他从没离开过似的。如果你必须因公出差，也别忘打个长途电话，让对方知道，你的心好端端地放在他那儿。

（9）惊喜。偶尔意外地为对方煮顿丰盛的晚餐或是偕爱着的人一同去他或她最喜欢的餐厅。精心地营造一室的浪漫，或者冰镇一瓶纯酿红酒，再点上带有香氲的蜡烛，随着飘来的音乐，让累了一天的心上人有一个如历仙境的惊喜。

（10）承诺。婚姻不仅仅是一纸法律上的合约，它还包含了肢体和情感上的结合。在婚姻里，双方都引颈期盼彼此感情归属的忠诚及患难与共的相互扶持。在这儿，没有中间的灰色地带，你不能粗糙地只做一半的承诺，把另一半留给可能发生的一见钟情。

你看，浪漫就是这么简单！朋友，今天，你浪漫了吗？爱情的浪漫色彩让人迷醉，而人们往往一味追求那些复杂的、鲜明的浪漫却忽略了身边最浪漫的事。“我能想到最浪漫的事，就是和你一起慢慢变老……”这样生死相依的事难道不是最浪漫的事吗？难道不比刻意营造的浪漫更加感人，更加让人珍惜吗？

当恋人走入婚姻殿堂，在以后的岁月里，一句鼓励的话，一个温存的拥抱，都在营造着浪漫的气氛，都在体现着点点滴滴的爱。在困苦的日子里，一碗为你而留的冷粥，一条为你盖在肩上的毛毯，都在表达着一种不舍不弃的态度，在营造着浪漫的氛围，显现着爱的真挚。然而当日子变得越来越好的时候，大家却在感叹体会不到浪漫的存在了。这是因为你的心对浪漫失去了识别的能力，而并非没有浪漫存在。你不再认为一碗粥是浪漫，甚至精心准备的姜炒螃蟹也会觉察不出一丝浪漫。

人们更多地把爱和浪漫看成是像罗密欧与朱丽叶那样的生死缠绵，梁山伯与祝英台那样的化蝶双飞。不过，那只是文学作品，真真切切的爱是在实实在在的生活当中的。台湾作家张晓风在《一个女人的爱情观》一文中说，爱一个人，就是不断地想，晚餐该吃牛舌还是猪舌，该买大白菜还是小白菜？把爱落在碗里，实实在在，朴实无华，却感人至深，这是爱的另一种境界。

其实，表达对一个人的爱很简单，有时一个会心的微笑要胜过千万句甜言蜜语，一个深情的凝视，会比接到九千九百九十九朵玫瑰更让人真切地体会到爱。而那些过于形式化的表达方式往往并不能体现爱和显现浪漫，反而会使它们没有了味道。

平淡的婚姻生活中的爱是最真挚的爱。它存在于激情冷却之后，虽然它并不缠绵、不热烈，甚至不被我们认同，然而正因为其简单，才珍贵，才真诚，才长久。一粥一饭的平淡爱情，才能营造出天长地久的伟大爱情；一朝一夕的相处，才更显现爱情的浪漫。

男人和女人之间最重要的是欣赏。只有彼此欣赏才能够互相理解，才能够产生爱情。有一百个人读哈姆雷特，就有一百个哈姆雷特。和读文学作品一样，不同的人对于同一件事的看法是不相同的。

有一个女人总是觉得自己的丈夫不够浪漫，而且也根本不懂浪漫，觉得两人的生活如一潭死水般沉静。当她看到同事的老公送来玫瑰花的时候，真是羡慕不已，多么希望自己的老公也能够如此浪漫一次啊。

女人很喜欢吃姜炒螃蟹。快到女人的生日了，女人心想，丈夫是块榆木，那自己就提醒一下他，于是女人问：“那天你送我什么礼物呢?”“我要给你一个惊喜。”丈夫说。女人心想榆木终于开窍了，但还是提醒地说：“送花吗? 送花吧！”丈夫笑了笑没有回答。

生日那天，女人欣然地回家，想象着接到丈夫送给自己的一大束玫瑰的喜悦。然而回了家，并没有意想中的迎接场面，更没有什么鲜花，只是桌上摆了一盘香喷喷的姜炒螃蟹。于是女人生气地问道："礼物呢？花呢？"丈夫愕然道："花，什么花啊？快来吃螃蟹吧，我特意为你做的，今天……"还没等丈夫说完，女人"砰"的一声摔门而出。

玫瑰代表浪漫，但是有着特殊意义的姜炒螃蟹不是同样的代表浪漫吗？营造浪漫的方式是不拘一格的。玫瑰代表浪漫是大家公认的事实，然而并不是只有玫瑰才能给予浪漫。一盘精心准备的姜炒螃蟹蕴涵了丈夫更多的爱和表现浪漫的心理，而妻子却过于拘泥地把浪漫看成一束玫瑰花。任何一个丈夫都可以买玫瑰送给妻子，但是并不是每个丈夫都知道自己的妻子喜欢吃什么，更何况是亲手去做。妻子刻意地追求形式上的浪漫，却没有体会到浪漫的真正内涵。

要学会欣赏，有自己的见地。如果你懂得欣赏，好多事情都会给你带来意想不到的感受。譬如：女人的啰唆与唠叨，如果懂得欣赏就不会埋怨和厌烦，而会在其中体会到真情与关爱；有的男人说忍受不了女人的肤浅，其实是他不会欣赏那浅浅淡淡的真实；有的男人说看不惯女人的浮躁，其实是他不会欣赏女人热情似火的娇艳……又如，男人不爱做家务，如果女人不懂得欣赏就会埋怨男人懒惰，而懂得欣赏就会体会到男人胸怀的宽广。他们不是因为懒惰而不做家务，而是把精力放在了如何改善生活而使两个人都无需做家务上……

在婚姻生活中更需要彼此间的欣赏，这样婚姻才能够美好。这种欣赏不仅意味着欣赏对方的优点，还要包容对方的不足。在朝夕相处的生活中，无论是优点还是缺点都会尽显无遗。如若不能够欣赏和理解，特别是对缺点的包容，就容易产生分歧，让相爱的两个人对爱情产生怀疑，对婚姻造成不利影响。

欣赏是相爱的前提，不会欣赏就不会拥有真正的爱情。而欣赏也不应有固定的模式。比如，饭后的AA制并不说明男人有失风度，而女人的独立更是应该值得我们欣赏和赞同的。只有能够欣赏，你才能够看到世界的另一半，你才能够完全理解，并毫无保留地拥有一个完整的世界。只有能够欣赏，你才能从容地面对一切得失，才能在平淡的生活中体会到爱的浪漫，才能够拥有天长地久的爱情。要想拥有爱情，就先从学会欣赏开始吧！

第三章　培育生命美德

生命中的美好品德各种各样，如诚信、果敢、谦逊、坚毅、行善、宽容，等等。同时，能够有效地掌控情绪，不仅仅是个情商高低的问题，更是一个人美德的体现。许多成功者能控制自己的情绪，以及他们由此形成的性格，就已经证明了这一点。

美德造就了生命光环

伟人与其他人并无多大差别，有差别的只是他们所具有的美好品德要比别人多一些，而美好的品德正是人生成功的决定因素。

“修之于身，其德乃真；修之于家，其德乃余；修之于乡，其德乃长；修之于邦，其德乃丰；修之于天下，其德乃普。”《道德经》的这段话给我们的道德修养指明了康庄大道。人要干出一番事业，必须具备美好的品德。

美德可以把所有的善事都聚集到一起，它是一切幸福的中心。它使你谨慎、明辨、精明、通达、智慧、勇敢、勤奋、诚实、快乐、可敬、真实、高贵……总之，要想成为一个完美的人，美德决定了才华和伟大。

美德不是与生俱来的，而是依靠后天的学习和感悟。追求美德是一种自觉、快乐、成功的行动。

本杰明·富兰克林是美国历史上最有影响力的伟人之一，他是美国著名的政治家与科学家。他同时亦是慈善家、作家、发明家、画家、哲学家；更是杰出的外交家，他自修法文、西班牙文、意大利文、拉丁文，并引导美国走上独立之路。但是，富兰克林也有不好的习惯，可与众不同的是，他下决心并想方设法改变它们。在富兰克林年轻时，他为自己制定了一个戒除恶习的妙方。他首先列出获得成功必不可少的十三个条件：节制、沉默、秩序、果断、节俭、勤奋、诚恳、公正、中庸、清洁、平静、纯洁、谦逊；然后下定决心获得这十三种美德，并养成习惯；为此，他制作了一个小册子，每一个美德占去一页，画好格子；在反省时若发现当天未达到的地方，就用笔作个记号。

当富兰克林 79 岁时，写了整整 15 页纸，特别记叙了他的这一项伟大发明，因为他认为自己一切成功与幸福受益于此。富兰克林在自传中写道："我希望我的子孙后代能效仿这种方式，有所收益。"

十三项美德的培养使富兰克林获得了举世闻名的成功，从富兰克林身上我们也看到了追求美德的意义和价值。

其实，构成美德的要素数不胜数，比如善良是美德、勤劳是美德、博爱是美德、积极是美德……在我们的生活中，你完全可以选取自己喜欢的美德要素加以修养，从而打造自己全新的生活。

怀抱美德，朝前走吧，这样你将会充实而有意义地过好每一天，因为具备了美德你就拥有了成功人生的基础。

诚信诠释生命的真谛

诚信，是一种持久的力量，能帮助我们在各种社会合作中取得胜利。

“诚”，是儒家为人之道的中心思想，我们立身处世，当以诚信为本。宋代理学家朱熹认为：“诚者，真实无妄之谓。”肯定了“诚”是一种真实不欺的美德。要求人们修德做事，必须效法天道，做到真实可信。说真话，做实事，反对欺诈、虚伪。

什么是“信”？《说文解字》认为“人言为信”，程颐则认为：“以实之谓信。”可见，“信”不仅要求人们说话诚实可靠，切忌大话、空话、假话，而且要求做事也要诚实可靠。而“信”的基本内涵也是信守诺言、言行一致、诚实不欺。

二者在哲学上虽有区别，但从道德角度看，“诚”与“信”则是同义等值的概念，故许慎在《说文解字》中云：“诚，信也。”“信，诚也。”二者的基本含义都是诚实无欺，信守诺言，言行相符，表里如一，这是做人的基本要求。

诚信是立人之本。子曰：“人而无信，不知其可也。”意思就是指人若不讲信用，在社会上就无立足之地，什么事情也做不成。

诚信是齐家之道。唐代魏徵说：“夫妇有恩矣，不诚则离。”只要夫妻、父子、兄弟之间以诚相待，诚实守信，就能和睦相处，达到“家和万事兴”的目的。若家人彼此缺乏忠诚、互不信任，家庭便会逐渐崩溃。

诚信是交友之基。只有“与朋友交，言而有信”，才能达到“朋友信之”、推心置腹、无私帮助的目的。否则，朋友之间充满虚伪、欺骗，就绝不会有真正的朋友，朋友是建立在诚信的基础上。

诚信是为政之法。《左传》云：“信，国之宝也。”指出诚信是治国的根本法宝。孔子在“足食”、“足兵”、“民信”三者中，宁肯“去兵”、“去食”，也要坚持保留“民信”。因为孔子认为“民无信不立”，如果人民不信任统治者，国家朝政根本立不住脚。因此，为政者必须“取信于民”，正如王安石所言：“自古驱民在信诚，一言为重百金轻。”

诚信是经商之魂。无论古今中外，商人在签订合约时，都会期望对方信守合约。诚信更是各种商业活动的最佳竞争手段，是市场经济的灵魂，是企业家的一张真正的“金质名片”。

诚信是心灵良药。古语云：“反身而诚，乐莫大焉。”只有做到真诚无伪，才可使内心无愧，坦然宁静，给人带来最大的精神快乐。因此，诚信是人们安慰心灵的良药。人若不讲诚信，就会造成社会秩序混乱，彼此无信任感，后患无穷。正如《吕氏春秋·贵信》篇所说，如果君臣不讲信用，则百姓诽谤朝廷、国家不得安宁；做官不讲信用，则少不怕长，贵贱相轻；赏罚无信，则人民轻易犯法，难以施令；交友不讲信用，则互相怨恨，不能相亲；百工无信，则手工产品质量粗糙，以次充好，丹漆染色也不正。可见失信对社会的危害何等大啊！

在日常生活中，诚信要求我们待人处事真诚、老实、讲信誉，言必信、行必果，一言九鼎，一诺千金。只有以诚待人，才能得到友谊和真情，得到他人的信任和尊敬，应该说哪里有人，哪里就需要诚信的滋润。

北宋词人晏殊，素以诚实著称。在他14岁时，有人把他作为“神童”举荐给皇帝宋真宗。皇帝召见了他，并要他与一千多名进士同时参加考试。结果晏殊发现试题是自己十天前刚练习过的，就如实向真宗报告，并请求改换其他题目。宋真宗非常赞赏晏殊的诚实品质，便赐给他“同进士出身”。

晏殊当职时，正值天下太平。于是，京城的大小官员便经常到郊外游玩或在城内的酒楼茶馆举行各种宴会。晏殊家贫，无钱出去吃喝玩乐，只好在家里和兄弟们读写文章。

有一天，真宗提升晏殊为辅佐太子读书的东宫官。大臣们惊讶异常，不明白真宗为何做出这样的决定。真宗说：“近来群臣经常游玩饮宴，只有晏殊闭门读书，如此自重谨慎，正是东宫官合适的人选。”晏殊谢恩后说：“我其实也是个喜欢游玩饮宴的人，只是家贫而已。若我有钱，也早就参与宴游了。”

这两件事，使晏殊在群臣面前树立起了信誉，而宋真宗也更加信任他了。

这个故事让我们进一步认识到：诚信是一种优秀品质，只要你坚持，你总能够体会它的内涵，感受到快乐。古人讲诚信，现代人也不乏这样的例子。家喻户晓的“海尔”企业，就是诚信的典范。

当“海尔”还是一个濒临倒闭的小厂的时候，它的产品质量遭遇了用户的质疑。海尔人坚守诚信，厂长张瑞敏在海尔企业处在进退维艰的关键时刻毫无顾虑地当着全厂职工的面，用大锤将76台不合格冰箱全部砸毁！掷地有声地警示员工，这是“海尔最后的挣扎！”海尔人秉承顾客至上的宗旨一步一步打造国际一流的产品。

“前进是成功，后退是倒闭；赢得用户是成功，失去信赖是破产。”海尔人坚守诚信，鼓起勇气，用勇气与诚信并肩闯难关！一番拼搏，一番坚守。如今，驰名中外的海尔集团成为我国唯一入选世界最具影响力的100强品牌，海尔企业在生死关头践行了诚信取富的成功范例。

从远古到现代，诚信一直都是人们虔诚向往和执着追求的崇高品质，什么时候坚守了诚信，人生的方向就光明灿烂，什么时候坚守了诚信，人生命脉的根基就坚如磐石。什么时候背离了诚信，人生方向就黯淡无光，什么时候背离了诚信，人生命脉就岌岌可危。

诚信对于一个人来说，是一种心灵的开放，是对自身人格和未来面目的一种尊重；是一种交往的道德，是把握了良心和正义的一种大度和自信；是你立身的一张名片和通行证。可以说，诚信是生命的智慧，是成功的力量源泉。

果敢铸就生命的品质

如果你是一位强者，如果你有足够的勇气和毅力，那么失败只会唤醒你的雄心，让你更强大。所以一个真正的强者对任何挑战都无所畏惧。

果敢就是当机立断，敢作敢为。果敢的品质表现在两个方面，一是在紧急情况下善于当机立断，采取坚决的措施；二是善于等待时机，一旦时机成熟迅速做出决定。因此在实践中，果敢往往成为制定决策的条件之一。

果敢是人生的不朽法宝。对于果敢的人，任何事情都不能阻碍他们的决心，任何困难都无法令他们止步；对于果敢者，无论陷入何种困境，他们都有办法扭转乾坤，从中获益；果敢者能够随时把握自己的命运，越是困难的境地，他们越能充分地发挥自己的最大潜力来创造辉煌。

那些真正意识到自己力量的人永不言败！对于一颗意志坚定、永不服输的心灵来说，永远不会有失败，因为跌倒了可以再爬起来，即使其他人都已退缩和屈服，而他永不！困难就像纸老虎，如果你害怕它，不敢正视，那么你就会畏缩不前；但是，如果你毫不畏惧，敢于正视，等你战胜它时，你就会发现它“锋利”的爪牙不过如此。即便在马德里的监狱里，塞万提斯也在坚持完成着《堂吉诃德》这部著作；而司马迁更是在狱中忍辱负重，身受酷刑之后，还坚持完成了《史记》这部巨著。这都是果敢者战胜困境的最好例证。

果敢者始终用乐观的态度面对生活赋予的艰难险阻，勇于把困难当成锤炼自己坚定意志的火焰。他们永远坚信“宝剑锋从磨砺出，梅花香自苦寒来”的哲理，不畏艰难，锐意进取。

在果敢者看来，不管面对什么样的困难，只要善于开动脑筋，总有解决的办法，因为办法总比困难多；解决困难的方式多种多样，法门就在自己的手中，关键在于自己如何使用；可以利用自己的智慧，也可以借助他人的帮助，只要能成功，就放手去行动。

在果敢者看来，困难是一片肥沃的土壤，能使成功的果实根植于此；困难中常常蕴藏着最好的机会，人生的强者最喜欢向困难挑战；困难本身很少能够击倒人，挫败自己的往往是自己，只要拥有坚定的意志，相信办法总比困难多，就没有克服不了的困难。

克服困难其实很简单，只要你果敢地去行动；要尽量淡化困难，尽量强化自己的能力；不要用想象给自己制造困难，困难在想象中会变得越来越大，足以让你停滞不前。只要正视困难，攻克它其实很简单。下面这个关于班超的故事会给我们很好的启示。

东汉年间，班超曾帮助哥哥班固一起撰写《汉书》，但后来他认为一个男子汉的抱负不应只在纸笔上，于是弃文从武，参加了对匈奴的战斗。他坚毅果敢的性格使他在战场上屡建功勋。再后来，东汉王朝为了联合西域各国共同抗御匈奴的侵扰，就派遣班超作为使节出使到西域去。班超手持汉朝的节杖，带领着由36人组成的使团出发了。

他们首先来到了鄯善国。班超晋见了鄯善国国王，说：“尊敬的国王陛下，我们汉朝的皇帝派我来，是希望联合贵国共同对付匈奴。我们都吃过很多匈奴入侵的苦，应该携起手来，同仇敌忾，匈奴才不敢再猖狂肆虐呀！”

鄯善国国王早就知道汉朝是一个泱泱大国，国力强盛，人口众多，不容小视，现在又见汉朝的使者庄重威仪，颇有大国之风，果然名不虚传，就连连点头称是道：“说得太对了，请您先在鄯国住几天，联合抵抗匈奴之事，容过两天再具体商议吧。”于是班超他们就住下了。

开始几天，鄯善国王待他们还挺热情，可是没过多久，班超便察觉国王对他们越来越冷淡，不但常找借口避开他们不见，就是好不容易见上了，也绝口不提联合抗击匈奴之事了。

班超有了一种不祥的预感，他召集使团的人分析说：“鄯善国国王对我们的态度越来越不友好了，我估计是匈奴也派了人来游说他，我们必须去探察一番，搞清事情的真相。”夜里，班超派人潜进王宫，果然发现国王正陪着匈奴的使者喝酒谈笑，看样子很是投机，就马上回来将这个消息报告给班超。

接下来的几天，班超又设法从接待他们的人那里打听到，匈奴不但派来了使节，而且还带了一百多个全副武装的随从和护卫。他立刻意识到了事态已经发展到很严重的地步，就马上召集使团研究对策。

班超对大家说："匈奴果然已经派来了使者，说动了鄯善国国王，现在我们已处于极度危险之中，如果再不采取有效措施，等鄯善国国王被说服，我们就会成为他和匈奴结盟的牺牲品。到时候，我们自身难保是小事，国家交给的使命也就完不成了。大家说该怎么办？"

大家齐声答应："我们服从您的命令！"

班超猛击了一下桌子，果断地说："不入虎穴，焉得虎子！现在我们只有下决心消灭匈奴使节团，才能完成我们的使命！"

当夜，班超就带人冲进匈奴所驻的营垒，趁他们没有防备，以少胜多，终于把一百多个匈奴人全部消灭了。

第二天，班超提着匈奴使者的头去见鄯善国国王，当面指责他的善变说："您太不像话了，既答应和我们结盟，又背地里和匈奴接触。现在匈奴使者已全被我们杀死了，您自己看着办吧。"

鄯善国国王又吃惊又害怕，很快就和汉朝签订了同盟协议。

班超的举动震动了西域，其他国家也纷纷和汉朝签订同盟，很多小国也表示和汉朝永久友好。最后，班超非常圆满地完成了使命。

在危急的情境之下，就应当像班超一样果断，敢于冒必要的危险，才能够获得成功。如果班超当时还犹犹豫豫、畏缩不前，后果就不堪设想了。

从这则故事中我们应该领悟到：遇到困难就应立即设法解决，绝不可拖延，其实，真正面对困难时，会发现困难比我们想象中的要简易得多。行事犹豫不决要比不知如何行事带来的危害还要大，要始终保持在困境中寻找成功的习惯。

无论遇到什么样的困难，无论采取什么方式解决所遇到的困难，都要坚定不移地攻克它，绝不能半途而废，要像孙中山先生所说的那样："吾志所向，一往无前；愈挫愈奋，再接再厉。"

果敢铸就了生命的品质。具备了不畏艰难、勇往直前的精神，你就会焕发出无穷无尽的力量，让你在前进的路上永不退步，一切艰难险阻只能乖乖地给你让路。

谦逊修养使生命净化

徐特立先生曾说过："一分钟一秒钟自满，在这一分一秒间就停止了自己吸收的生命和排泄的生命。只有接受批评才能排泄精神的一切渣滓；只有吸收他人的意见才能添加精神上新的滋养品。"

谦逊就是不自大或不虚夸，谦虚不高傲，有追求不自满，希望不断进步。中国作为文明古国，有着悠久辉煌的文明和众多的优良传统，而谦逊正是优良传统的核心内容之一。谦逊是一种美德，越是才能高超、情趣高尚的人越懂得谦逊之道。谦逊是一种修养，更是一个人走向成功者的必备素质。

谦逊使人进步，只有谦逊的人才能得到他人的尊重、得到真挚的忠告，才能不断完善自我、不断进步，直到成功。古往今来，谦逊之所以受到人们的推崇，其根本原因在于谦逊是一个人获得事业成功和人生完满的法宝。

海纳百川，有容乃大。一个人的力量总是渺小的，所能知道的也是有限的，总有人在某些方面比自己更强。所以只要遇到不懂的事情，就要虚心地请教别人。不要让虚荣心堵住了自己的嘴，堵住了自己的嘴也就堵住了开启智慧的门。人只有养成了虚怀若谷的习惯，才会终生受益。

在与人相处交往中，谦逊礼让、平等待人是基本前提。这也是个人修养的基本要求。一个人在迈向成功的过程中，必然要与人合作，需要得到别人的支持和帮助。一个人不以自己既有的名声、财富、地位、才能、特长自负夸耀，而是要有谦逊礼让平等待人的修养,以虚怀若谷的态度与人平和相处,自然会受到别人的尊敬与爱戴,得到别人的支持与帮助，从而展开事业的合作，实现自己梦想的成功和人生的完满。

无论做什么事情，虚心都很重要。虚心就是谦逊的心，对任何人的意见都能采纳的心。但虚心也不能迷失自己，要既有独立自主的精神，又有虚心求教的美德，才能走上成功的道路。

尹金诚是韩国著名企业家，他开始做生意时，几乎什么也不懂。每次刚开发了一件新产品，他往往不知道定价应该是多少，于是他就跑到零售商那里去虚心求教。在零售商那里，他出示了新产品，并问那些零售商："像这样的东西可以卖多少钱？"而零售商们都会坦诚地告诉他行情。事后验证，照着零售商的话去做都没错。

不必付学费，也不用动脑筋，没有比虚心求教更划算了。只有像尹金诚这那样能虚心向别人求教，才能集思广益，这也正是成功的基本原则。只要我们能培养这种虚心的习惯，经常能虚心接受他人的意见，虚心向他人学习，成功也就离我们不远了。

谦逊会使人进步，骄傲则会使人落后。无论什么时候，我们都要保持谦虚谨慎，戒骄戒躁的作风。山不言高，是因为其高大已无须多言；海不言深，是因为其深邃已无须多言。凡是虚怀若谷的人，必然有一份博大的胸怀，具有圣人的品质，而即使是圣人也离不开谦逊。

孔子周游列国时，在去晋国的路上，遇到了一个小孩站在路中，拦住了他，要他回答两个问题才让路。其中一个问题是："鹅的叫声为什么这么大？"孔子答道："鹅的脖子长，所以叫声大。"孩子又问："那青蛙的脖子短得很，为什么叫声也很大呢？"孔子无言以对。他惭愧地对跟随他的学生说："你们看我不如这个小孩懂得多，他也可以做我的老师啊！"

孔子是我国古代著名的思想家、教育家，也是世界级文化名人，学识渊博，仍然能够坦然地承认自己有不懂的东西，而且谦逊地向一个孩子求教。这种谦逊待人、虚怀若谷的品德使孔子受到了人们的尊敬与景仰，他正是我们学习的榜样。

尺有所短，寸有所长。任何一个人，无论他的学问多么渊博，总会有自己不知道的东西，总会有技不如人的地方。任何时候都不能以自己的所知掩蔽自己的无知，更不能以自己的所长比别人的所短。否则就会故步自封，不能进步。要时刻牢记泰戈尔所说的："当我们大为谦卑的时候，便是我们接近伟大的时候。"谦逊既是人必备的修养，也是成功必备的条件。只要我们具备谦逊的修养，就会处处随时受益，从而打造更加成功的人生。

不要让金钱侵蚀生命

金钱是一个按钮，不按它，你生命中的许多喜剧不会开启，悲剧也是。

金钱是什么？它在生命里扮演着什么角色？在人生旅途中，如果把金钱当成追逐的目标，就是对生命的侵蚀和劫掠，是对生命的轻侮。让生命抵御金钱劫掠，就是在捍卫生命的尊严，守候心灵的净土！

当今的社会五彩缤纷，特别容易纵容人的欲望，而每个自甘堕落的人都会给欲望找一个听起来很顺当的理由。是的，钱是个好东西，有钱能买回面包；有钱能让孩子上好的学校；有钱能买回大房子；有钱能买车代步；有钱进入贵族行列；有钱能请到保姆，让别人替你干活；有钱能随心所欲地旅游，如果你的金钱足够多，还可以周游地球。即使把钱攒起来，银行存款中偌大的数字也足以安稳我们的心，给我们的明天带来安全感。如此看来，金钱的好处太多了，它仿佛和我们的幸福有关。

人是一种喜欢占有的东西。物质社会，一个人占有的物质的份额常常用金钱来表达。所以，没有人不喜欢金钱。在金钱的问题上，人们往往不和那些比自己穷的人比较，却容易去和那些富豪、明星们比较。这么一比，原本吃有鱼住有房的人也把自己当穷人来看了；原本可以过得挺开心的人,也把过日子的心态弄得很焦灼,很不平衡。

有哲学家说，嫉妒是一种激情，对它急切地追求导致的是经受痛苦。其实，不仅嫉妒，其他任何具有被迫性质的激情——野心、贪婪等占有欲的表现都是如此，都会导致我们经受痛苦。这就是我们即使不缺什么，我们依旧感到不满足的缘由。这就是我们看到一些天文数字的金钱持有者，他们依旧不能活得从容，甚至活得一塌糊涂的缘由。他们失去的，是安静的生活，是心灵真正的悠闲。因为一个连“安静”都不知为何物的人，即使有再多的金钱，他的生活又有什么可羡慕的呢?

现代社会的物质流程不仅生产商品，还生产需求，而我们越来越容易把需求也当成是一种生命必需品来对待了。需求的另一个名字叫欲望。欲望是这样一种东西，它永不满足，即使我们已经拥有的东西远远地超出了我们实际上必须使用的东西，我们仍然会有别的欲望，因为我们永远跟不上欲望滋生的速度。欲望，使得一个人的自我感觉只是建立在我们拥有什么而不是拥有的是什么之上。在欲望的支配下，我们把生命本性里面的贪婪当成一种正当的需求对待了。这确实是生命的悲哀!

生命同时间一样，总是一刻不停地向前走着。因为生命赋予每个人的意义是相同的，它不会偏执于哪个人，也不会因为你的生命有多么的高贵，而在岁月的流光板上将你的生命隧道延长。恰如时间不可倒回一样，生命的分分秒秒与时间同步行进着，并且一去不回头。所以，人世间只有生命才具有最完美的平等。

生活是一个多方面的组成，组成它的是健康、爱情、家庭、金钱、工作、友情、个人爱好。如果人生是由上述几门功课组成的，那么，把精力平均分配才是最合理的。我们每个人需要的东西是有限的，是有一个量的。生命的精彩恰恰就在于多元体验，心灵的安宁才是精神世界的终极指向。

世界是一个多姿多彩、辽阔无边的大舞台，生命每天都在这舞台上演着生动精彩却又各不相同的戏。在欲望的诱惑之下，人们一不留神，就会成为它的俘虏。

何某，原C市环卫处处长。他由一名党员干部走上犯罪道路，是因为长期不注重政治学习，放松了对自己世界观的改造，丧失了辨别是非的能力，失去了对外部诱惑的抵抗能力，做了金钱的俘虏，当错误积累到一定程度时就演变成犯罪。

2000年之后的几年中，C市因旧城改造，多处设施需要新建或拆除重建。随着这些设施建设工程的上马和陆续竣工，施工老板们不断对何平施以恩惠。第一次施工老板给他送钱时，由于担心、害怕，也推辞过，但终究没经得起金钱的诱惑，半推半就中收下了。

何某有了第一次的风平浪静，第二次似乎也变得顺理成章。尽管他心里知道，自己作为一名党员干部，接收对方钱财乃党纪国法所不容，但面对来得如此容易的金钱，贪欲和侥幸还是占了上风，认为他情我愿，他知我知，事情是不会败露的。况且老板做了本单位的工程赚了钱，自己拿一点儿是理所应当的。同时认为这也是社会的“潜规则”，别人都在拿，甚至比他拿得还多，自己不拿白不拿，工程本来就不多，有权不用，过期作废。正是由于这种思想的产生，所以，后来只要做工程的老板送钱送物，基本上他都是来者不拒，一律笑纳。其中一个老板承接的工程量较大，时间跨度也较长，前后近10次给他送钱送物，除第一次他推辞了一下外，其余均心安理得地收下了。

另外，何某的妻子对金钱怀有和丈夫同样贪欲的心态。同样的贪欲，反而不断助长了何平的行为。

正所谓“手莫伸，伸手必被捉”。何某的行为触犯了法律，“天网恢恢疏而不漏”。当看守所的铁门被关上时，他流下痛苦和悔恨的泪水，然而一切为时已晚，泪水无法洗刷他所犯下的罪行……

看着窗外自由飞翔的小鸟，何某内心充满了对自由的渴望。他深知：自由在你身边时要倍加珍惜和爱护，别等到失去后才醒悟，才知道珍贵！

生命的终止过程其实并不可怕，我们不感叹大自然让生命正常归去的方法，感叹的是：那些被金钱攫走生命的人；那些还在被金钱侵蚀生命的人！

有一个作家曾说，“一个不花钱就能快乐的人，才是真正的富人”。

这句话是一句千真万确的箴言，但它只配合内心富足的使用者，因为这是一个不容易达到的境界。如果我们还做不到它，至少我们可以时常地想起它来，纠正我们时而旁逸斜出的欲望。

生命的快活不在穷与富，也不在贵与贱，而在心灵的充实和精神上的富有。我们愿意在滚滚不息的物欲之流中，让自己歇息下来，定一下神，想一想真正好的生活是什么，想一想我们所需要的生活是什么，想一想我们要纠正一些什么，想一想什么是身体的健康和精神的健康。

漫漫人生路，有起步也有终点。从呱呱坠地那天开始，你就在一步步地走向死亡，天神也不可能阻挡你生命的脚步。春光无限，生命有限。快快走出金钱的欲望，让生命在更广阔的领域里活出一份精彩来！

坚毅的生命最为强悍

我们的生命是有限的，只有将全部的智慧和能力都投人到一个伟大的目标之中，才能充分发挥我们的潜力，坚持到底，赢得成功。

坚毅就是坚定有毅力，在通向成功的道路上，坚毅就是你最好的兄弟，无论你需要什么，它都竭尽全力地为你提供，坚毅总是把最重的担子留给自己，把成功送给你。坚毅是生命中不可或缺的精神力量，坚毅的生命最为强悍。

郑板桥的《竹石》诗写道："咬定青山不放松，立根原在破岩中。千磨万击还坚韧，任尔东西南北风。"陈毅的《咏青松》写道："大雪压青松，青松挺且直。要知松高洁，待到雪化时。”两位先哲的诗是在告诉我们：无论我们身处何样逆境，坚毅都在伴随我们朝着目标前进。

俗话说：“常立志不如立长志。”只要我们选定了自己的目标，就要拿出全部的智慧和精力去追求它。一个人热爱自己的事业，就要专心致志，勇敢向前，无论遇到什么困难，只要有了坚毅的品性就没有过不去的“火焰山”。我们必须相信坚毅的巨大力量可以实现你的理想，达到你的目标。

东汉时候，有个人名叫孙敬，是著名的政治家。他年轻时勤奋好学，经常关起门，独自一人不停地读书。每天从早到晚读书，常常是废寝忘食。这样时间久了，他经常疲倦得直打瞌睡。他怕困倦影响自己的读书学习，就想出了一个特别的办法。古时候，男子的头发很长。于是他就找了一根绳子，一头牢牢地绑在房梁上，一头系在自己的头发上。当他读书疲劳时打盹了，头一低，绳子就会牵住头发，这样会把头皮扯痛了，马上就清醒了，再继续读书学习。

战国时期，有一个人名叫苏秦，也是出名的政治家。他在年轻时，由于学问不多不深，曾到好多地方做事，都不受重视；回家后，家人对他也很冷淡，瞧不起他。这对他的刺激很大。所以，他下定决心，发奋读书。他常常读书到深夜，很疲倦，常打盹，直想睡觉。他也想出了一个方法：准备一把锥子，一打瞌睡，就用锥子往自己的大腿上刺一下。这样，猛然间感到疼痛，使自己清醒起来，再坚持读书。

上面这两则故事被后人提炼成一个成语，叫做“头悬梁，锥刺股”，用来激励人们在成功道路上勤奋好学，并养成坚毅的品性。

坚毅其实代表了你成功的潜能，因为坚毅总是喜欢与奇迹为伴，坚毅的足迹豪迈而矫健：在冰冷的南极有坚毅带来的热血沸腾；在雄伟的喜马拉雅山顶有坚毅的巍然屹立；在冠军的领奖台上有坚毅的风采在扬眉吐气……

坚毅，在平淡无奇的日子中，你或许少有机会觉得它的存在，但越是在艰难的环境中，越能看出一个人的坚毅。它体现在一个人的微小行为中，藏在一个人的举手投足间。

坚毅是刻不容缓的指令，在“5·12”大地震后，国家领导人在电话中说道：“我不管你们怎么样，我只要这10万群众脱险，这是命令！”于是我们看到了徒步翻山越岭奔赴灾区的身影，还有那一双双敞着裂缝滴着鲜血的手……在国之大殇的日子里，在满目疮痍的废墟前，我们深切地感受到了什么叫做坚毅：坚毅是中国人民的凝聚力，是从废墟中站起来的伟岸身躯，是东方巨人前进的强而有力的步伐！

坚毅是一种不屈的精神，红军长征的壮举令全世界的人为坚毅而赞叹，英勇红军的不屈不挠，其实就是革命胜利的最好宣言。

坚毅是一种无畏的庄严，当海尔的榔头砸碎不合格产品的瞬间，坚毅就向一个名牌企业许下了必会成功的诺言。

坚毅告诉我们做事要善始善终，不要开始时豪气冲天，遇到困难就半途放弃。要像恩格斯所说的那样一往无前：

一股汹涌的洪流，

呼啸着独自奔出山谷，

松树在它前面轰然倒下，

它就这样为自己开出一条道路。

我要和这股山洪一样，

为自己开辟一条大道！

坚毅是成功的伴侣，是胜利的号角，你一定要牢牢地拥有它。你必须知道，要想取得成功，既要有好的理念，又要有切实的行动，更要有坚毅的精神。正所谓：“士有百折不回之真心，才有万变不穷之妙用。”

行善美化了生命光环

古人云：“存平等心，行方便事，则天下无事。怀慈悲心，做慈悲事，则心中太平。”伟人之所以成为伟人，其实他们与凡人并无多大差别，有差别的只是他们具有伟人的美好品德，而美好的品德正是人生成功的决定因素。

我们认为，美德的核心内容是善，善是人的道德操守的前提性要素。行善不是一种学问，而是一种行为。行是行为，善是无私，行为的无私就是行善。不同的时代里，人们需要的总是同一种善良，因为它会带给我们幸福，始终如一。

行善主要包括这几方面：

（1）与人为善。这是讲要存一颗善心，善意帮助人。

（2）爱敬存心。“爱”是要以真诚心爱一切众生，爱一切人事物；“敬”是要以恭敬、谨慎、细心对待一切人事物。

（3）劝人为善。劝导有能力、有机会的人行善，让他们意识到错过行善的机会是一件非常可惜的事；为没有机会行善的人创造机会，为没有能力行善的人提供能力，这是真正的智慧。

（4）救人危急。人在有急难、危险之时，不论他是好人或恶人，是恩人或冤家，都不能见死不救，一定要救援。

（5）慷慨解囊。还有很多人缺乏财用，你要懂得散财，因为能充分利用的财富才是真正的财富。

（6）敬重尊长，即要孝亲尊师。对父母要尽到孝养的责任，对老师要感恩。

（7）爱惜生命。生命是无价的，无论是自己的还是别人的，要爱惜一切生灵。

行善应以“实事求是”、“一切为公益”、“无任何商业目的”为原则，不能偏离行善的本质，以商业为目的或者利用媒体过度，吹捧自我都会引起不良的社会影响和评价。“高调行善”应以“带动他人行善”为基本点和出发点，同时“以身作则、严格律己、不图名利”为准则，影响和带动他人以心向善、回报社会、以做好人、行好事的心态来帮助他人，而不是带有私心。“低调行善”多指做好事不留名、不需要外界媒体进行宣传的行善行为。无论高调行善还是低调行善，出发点都是对社会、他人有益，是以实事求是、一切为公益、不带有商业色彩为原则的行善，都是值得赞扬和称颂的。

美国作家亨利·詹姆斯曾说过，“人生有三样东西是最重要的：第一是要善良，第二是要善良，第三还是要善良。”一颗善良的心就像太阳一样照耀着世界的每一个角落，像月亮一样温柔地抚慰着心灵的每一个角落。

当今社会名人的善行种类繁多，有捐献钱物与各种义行，如义务演出、义务形象大使、免费公益广告等。他们的善举为他们的生命光环添光加彩。

在一个普通百姓的眼中，濮存昕是一位可亲可佩的好名人。他不仅戏演得好，戏外的形象也几近无可挑剔：先是义务做有关预防艾滋病的形象大使，接着又为老家捐了一笔数额不菲的钱用来建学校，还免费为家乡的一种商品做广告。关于前者，濮存昕的确有着其他名人所没有的非凡勇气，艾滋病本来就“形象”不佳，不少名人唯恐其毁了自个儿的名声而避之不及，但濮存昕却很坦然地做了这一形象大使，这正是其人格魅力的体现，也正是“实事求是来行善，一切为公不为私”的体现。此事虽然已过去很久，但这位形象大使至今在人们的脑海中还留有深深的印迹。

近年来，在一些大的社会善举事件中，也屡屡能看见一些名人的身影，他们为社会树立了良好的形象与榜样；而且，因为有他们的参与，事件往往会变得更感人，影响力也非常之大。也正是他们的无私善举，使他们的生命光环更加完美。

宽容为生命插上翅膀

有人说："人有两颗心，一颗心用来流血，一颗心用来宽容。"一只脚不小心踩坏了一朵花，花不怨人，却把芳香留在那脚跟上，这就是宽容。宽容就是允许别人的反对，并不计较别人的态度，而充分看待别人的长处，并吸收其营养。这种宽容，让人感动！

宽容是我们打开心灵之锁的钥匙，是张扬个性、引爆潜能的火种，是照亮前程的灯塔，也是人与人之间相互走进心灵的通行证。在我们的生活中，对自己、对他人，不妨少一点"雷雨"，多一些甘露；少一点指责，多一分理解和宽容。因为宽容，是生命美丽的翅膀！

其实，做到宽容很简单，只要做到以下三条，就可让我们的生命充满阳光。

1. 不拿自己的错误惩罚自己

我们扪心自问一下，有多少烦恼是因为自己同自己过不去产生的！人非圣贤,谁能无过？如果一有过错,就终日沉陷在无尽的自责、哀怨、痛悔之中，那么其人生的境况就会像泰戈尔所说的那样："不仅失去了正午的太阳，而且将失去夜晚的群星。"为自己的过错而痛悔，人生岂能不累？

比如说今天遇到了什么事情，自己处理得不好，等事情完了后，心里再琢磨琢磨，总感觉做得不尽如人意，却总也改不回来，还是那个样子。其实这是个人执行力、自信心和标准的问题。

在做一件事情之前要先想清楚其前因后果和具体施行办法。不管是不知道还是不清楚，把这些都弄明白了就好，然后再去把这件事做好。这就是执行力。

做事情肯定要尽力，而且需要动脑筋把它做好，如果自己不确定好不好，可以找相关的人请教一下，毕竟当局者迷，旁观者清。从不同的角度了解自己要做的事，对它的认识越全面越好；不要急于求成，先从简单的做起，成功几次之后，自信心也就建立起来了。

标准，不单是自己的标准，而是从各个层面来看的标准，你做的事真的达到了吗？这一点其实就是不要太主观，需要客观一点来分析。

弄明白这些就会发现，自己对自己的惩罚是多么的可笑和无知。我们往往在做事时太注重结果，而忽略了过程；太在意成败，而忽略了成功必备的条件。失败并不可怕，可怕的是我们失败之后仍然没有察觉原因。

人人都会犯错，人人都曾错过。因此，别为错过的事情懊恼。顺境固然让人喜欢，可逆境更值得感谢，因为它会让你成熟。

2. 把对手看做朋友

林肯总统对政敌素以宽容著称，后来终于引起一议员的不满，议员说："你不应该试图和那些人交朋友，而应该消灭他们。"林肯微笑着回答："当他们变成我的朋友，难道我不正是在消灭我的敌人吗？"一语中的，多一些宽容，公开的对手或许就是我们潜在的朋友。

三峡工程大江截流成功，谁对三峡工程的贡献最大？著名的水利工程学家潘家铮这样回答外国记者的提问：“那些反对三峡过程的人对三峡工程的贡献最大。”反对者的存在，可让你保持清醒理智的头脑，做事更周全；可激发你接受挑战的勇气，迸发出生命的潜能。这不是简单的宽容，这宽容如硎，磨砺着你意志，磨亮了你生命的锋芒。

宽容是一种美。深邃的天空容忍了雷电风暴一时的肆虐，才有风和日丽；辽阔的大海容纳了惊涛骇浪一时的猖獗，才有浩渺无垠；苍莽的森林忍耐了弱肉强食一时的规律，才有郁郁葱葱。泰山不辞抔土，方能成其高；江河不择细流，方能成其大。懂得宽容的人就像壁立千仞的泰山，就像容纳百川的汪洋大海。

与朋友交往，宽容是鲍叔牙多分给管仲的黄金。他不计较管仲的自私，也能理解管仲的贪生怕死，还向齐桓公推荐管仲做自己的上司。

与众人交往，宽容是光武帝焚烧投敌信札的火炬。刘秀大败王郎，攻入邯郸，检点前朝公文时，发现大量奉承王郎、侮骂刘秀甚至谋划诛杀刘秀的信件。可刘秀对此视而不见，不顾众臣反对，全部付之一炬。他不计前嫌，可化敌为友，壮大自己的力量，终成帝业。这把火，烧毁了嫌隙，也铸炼坚固的事业之基。

你要宽容别人的龃龉、排挤甚至诬陷，因为你知道，正是你的力量让对手恐慌。你更要知道，石缝里长出的草最能经受风雨。风凉话，正可以给你发热的头脑“冷敷”；给你穿的小鞋，或许正是能让你在舞台上跳出曼妙“芭蕾舞”的舞鞋；给你的打击，仿佛运动员手上的杠铃，只会增加你的爆发力。

睚眦必报，只能说明你无法虚怀若谷；言语刻薄，是一把双刃剑，最终也割伤你自己；以牙还牙，也只能说明你的“牙齿”很快就要脱落了；血脉贲张，最容易弄伤的却是自己。安德鲁·马修斯在《宽容之心》中说了这样一句能够启人心智的话。“一只脚踩扁了紫罗兰，它却把香味留在那脚跟上，这就是宽恕。”

3. 不拿别人的错误惩罚自己

生活在这个世界上的饮食男女，都有不同的烦恼，有的来自生存的压力，有的来自自身的缺陷，属于这类烦恼是可以依靠自己来解决的，要么努力改变自己的状况，要么努力调整自己的心态。

但人们大部分的烦恼来自于外界，来自于他人。遇到一个糊涂而失职的领导，我们会埋怨处境的不顺；遇到一个忘恩负义的朋友，我们会怪自己眼神不好；遇到一个不讲礼貌卫生的邻居，我们会觉得自己倒霉；遇到不公平的事情发生在我们身上，我们会埋怨这个世道的丑恶；甚至婚姻上的错误搭配，我们会埋怨当初自己的选择……

世界就是这样，存在着别样的风景，我们工作的时候是忘我的，当我们思维休息的时候，我们就会想到这些生活中的不愉快，想到生活在我们周围的人们的种种不是，想到辜负于我的朋友，想到让自己时刻不满意的爱人……

别人的错误在我们身上留下了深深的印记，我们在憎恶着、痛恨着、埋怨着、苦恼着、伤心着、咒骂着。

当代著名教育改革家魏书生说过这样的话：“生活中的阴暗面，

如果我们没有能力抑制消灭它的时候，我们还是不想为好，为什么要让这些苍蝇臭虫弄得自己恶心呢？”人来世上一遭，不是让我们把宝贵的生命浪费在对别人的埋怨和痛恨里，人与人的观念不同，学识修养不同，那么就会产生不同的处世方法和生活方式，我们有这个埋怨的时间，为什么不好好经营自己的生活呢？如果我们不能改变他们，那么我们可以改变自己，改变自己的心态、改变自己的认识，甚至可以对这些影响我们心情的事情和人熟视无睹。

让生活中的阳光多撒播一些在我们心里，让我们多看到别人的优点和长处，我们享受他们的优点但可以忽略他们的缺点。少埋怨别人，多充实自己，把更多的时间放在自己所喜欢的事情上，逃避虽然不是办法，但当我们无法改变别人的时候，不再关注他们难道不是最好的解脱吗？

不拿别人的错误惩罚自己，就是珍惜自己的心情和健康，就是给自己更多的机会和幸福。这个世界上，还有谁会比你自己更关心你呢？

宽容是生命的翅膀，有一颗宽容的心，就有了广阔的天地。

惜时就是在爱惜生命

时间具有无比神奇的力量，它可以创造一切，挤出了时间等于延长了生命；它也可以毁掉一切，浪费了时间等于缩减了生命。惜时既是一种良好的行为，又是一种崇高的品德。因为珍惜的时间不只是个人的时间，也是大家的时间。我们可以说，惜时的人，就是对所有生命的爱惜！

惜时是爱惜生命的直接象征，惜时的人懂得时间的宝贵，只有珍惜时间，我们的生命才会更“长寿”，我们的“效率”才会更高。我们的生活才会更辉煌，更有意义。

人生最宝贵的就是生命，而时间就是生命的组成材料。所以时间也是最宝贵的，珍惜时间也就是爱惜生命。人的一生，就是由一秒钟一秒钟的时间累积起来的，每一秒钟都是构成生命的一个因子，时间就是生命，珍惜时间等于延长了我们的生命。

节约时间是惜时的基本原则。从时间中节约时间，用尽可能少的时间办尽可能多的事情，从而极大地提高时间的利用效率。

西晋文学家、书法家陆机在《短歌行》中说：“人寿几何？逝如朝霞。时无重至，华不在阳。”人生短短数载，说起来也是弹指一挥间。正因如此，无论你干什么事情都要珍惜时间，切不可只顾慨叹人生的苦短，让时间白白地从你身边流逝。

庄子曰：“人生天地之间，若白驹之过隙，忽然而已。”有一种人正是认为短短的人生，若不及时行乐，岂不枉来人生一遭？他们抱着“今朝有酒今朝醉，我歌我笑如梦中”的态度，把时间都在嬉戏中度过，像寄生虫一般。而另一些人深深懂得“盛年不再来，一日难再晨”，于是痛感“时不待我”，整天埋头于工作和学习中，使生命的分分秒秒都在充实，都在发光发热，这也正体现了爱迪生的一句话：“人生太短，要干的事情太多，我要争分夺秒”。

利用时间是一个极高级的规律，古今中外的杰出人才都是想方设法把一般人认为不屑利用或难以利用的时间利用起来，并创造了

许多从时间中去找时间的切实可行的方法。

时间对每个人都是有限的，而且它又是不可再生、不可储存的特殊资源。要在有限的时间里做出无限的成就，就必须善于利用时间，懂得珍惜时间。惜时是每个人都必须养成的习惯，成功者都非常珍惜自己的时间。

巴尔扎克是法国19世纪伟大的批判现实主义作家，欧洲批判现实主义文学的奠基人和杰出代表，法国现实主义文学成就最高者之一。

准备工作开始了，他把纸、笔、墨水都放在适当的位置上，这是为了不让在写作时有什么事情打乱自己的思路。他又把一个小记事本放在写字台的左上角，上面记着章节结构和提纲。他再把为数极少的几本书整理一下，因为大多数书籍资料都早已装在他脑子里了。

巴尔扎克开始写作了。房间只听见奋笔疾书的“沙沙”声。他很少停笔，有时累得手指麻木，太阳穴激烈地跳动，他也不肯休息，只喝上一杯浓咖啡，振作一下精神，又接着写下去。

早晨8点钟了，巴尔扎克草草吃完早饭，洗个澡，紧接着就处理日常事务。印刷所的人来取墨迹未干的稿子，同时送来几天前的清样，巴尔扎克赶紧改稿样。稿样上的空白被写上密密麻麻的字迹，正面写不下就写到反面去；反面写不下了，就再加上几张纸，直到他觉得对任何一个词都挑不出毛病时才住手。修改稿样的工作一直进行到中午12点。整个下午的时间，它用来记笔录和写信，在信上和朋友们探讨艺术上的问题。

吃过晚饭，他要对晚饭以前的工作作总结，更重要的是，对明天要写的章节做细致缜密的推敲。这是他写作中一个非常重要的环节，一个必不可少的步骤。晚上八点他放下了一切工作，按时睡下了。

这普通的一天，只是巴尔扎克几十年写作生活的一个缩影。

巴尔扎克的时间表启示我们：要想在有限的生命中取得一定成就，没有坚韧不拔的意志和争分夺秒的拼搏精神是难以做到的。有评论说："他硕大无比的脑袋，装满了对这个罪恶世界的悲愤，他魁梧健壮的身体，洋溢着对生活的痛苦与欢乐，他的代表作《人间喜剧》揭露了人性中的种种丑陋，他的独具个性的幻想与写作，为世界文学史上建立了一座丰碑。"

惜时的关键是抓住要务。把重要的事情放在第一时间处理，这是提高时间利用效率的诀窍。抓住关键不只是要做到要事第一，还要抓住关键的时间，在最适当的时间里做最适合做的事情。在同一时间有许多事要做时，就要先做最重要的事情。

唯物辩证法告诉我们：在多种矛盾并存时，要善于抓住主要矛盾，抓住矛盾的主要方面。我们强调在处理事情时抓住重点、抓住关键，这正是辩证法的原理在日常生活的应用。事情总有轻重缓急，我们要在日常生活中养成要事第一，要事优先处理的习惯，而且关键要善于分清哪些事情是最重要的，这样才能把宝贵的时间用在处理最重要的事情上，久而久之，也就提高了时间的使用效率。

我们必须明白：凡是有价值、有利于实现自我目标的事情就是自己的要事。因此，我们每天必须将这样的事情排在第一位来完成，切不可天天让各种琐事牵着鼻子走，眉毛胡子一起抓，分不清轻重缓急，把宝贵时光浪费在无关紧要的小事上。在时间管理上有个帕累托法则：以20%的活动取得80%的成果。我们只有做到了要事优先，才能真正履行这个法则。懂得生活的人都明白事情的轻重缓急，他们在处理事情之前，总是按照主次安排好自己的时间。

要集中精力处理紧急的要务，就得排除次要事务的牵绊，此时我们要善于说“不”。对于一些没有意义的应酬要养成果断拒绝的习惯。千万要记住，你用在琐事上的时间多了，用在要事上的时间就必然减少。下面的故事对你安排好自己的时间会很有启示，你要好好思索。

在一次上时间管理的课上，教授在桌子上放了一个装水的罐子。然后又从桌子下面拿出一些正好可以从罐口放进罐子里的“鹅卵石”。当教授把石块放完后问他的学生道：“你们说这罐子是不是满的？”

“是！”所有的学生异口同声地回答说。“真的吗？”教授笑着问。然后再从桌底下拿出一袋碎石子，把碎石子从罐口倒下去，摇一摇，再加一些，再问学生：“你们说，这罐子现在是不是满的?”这回他的学生不敢回答得太快。最后班上有位学生怯生生地细声回答道:“也许没满。”

“很好!”教授说完后,又从桌下拿出一袋沙子,慢慢地倒进罐子里。倒完后,再问班上的学生:“现在你们再告诉我,这个罐子是满的呢?还是没满?”

“没有满,”全班同学这下学乖了,大家很有信心地回答说。

“好极了!”教授再一次称赞这些“孺子可教也”的学生。称赞完了后,教授从桌底下拿出一大瓶水,把水倒进看起来已经被鹅卵石、小碎石、沙子填满了的罐子里。当这些事都做完之后,教授正色问他班上的同学:“我们从上面这些事情得到什么重要的启示?”

班上一阵沉默,然后一位自以为聪明的学生回答说:“无论我们的工作多忙,行程排得多满,如果要挤一下,还是可以多做些事的。”这位学生回答完后心中很得意地想“这堂课讲的还是时间管理啊!”

教授听到这样的回答后,点了点头,微笑道:“答案不错,但并不是我要告诉你们的重要信息。”

说到这里,这位教授故意顿住,用眼睛向全班同学扫了一遍说:“我想告诉各位最重要的信息是,如果你不先将大的‘鹅卵石’放进罐子里去,你也许以后永远没机会把它们再放进去了。”

对于工作中林林总总的事情，我们必须按重要性和紧急性的不同组合确定处理的先后顺序，做到“鹅卵石、碎石子、沙子、水”都能放到罐子里去。在时间的安排上，如果让无关紧要的小事占据了我们的时间，那就没有时间再去处理要事了。

对于人生旅途中出现的所有事件都应如此处理。也就是平常所说的处在哪一年龄段，就要完成那一年龄段应完成的重要事情，否则，时过境迁，到了下一年龄段就很难有机会补救。

在惜时问题上，除了抓住要务，还要学会抢在时间的前面。无论做什么事情，从事什么事业，一定要有提前完成的观念，这种美好的观念会引导我们去跟时间赛跑，提高工作的时效。只要我们有了永远提前完成的观念，养成了凡事提前完成的习惯，我们就会挤出大量的时间，就会使各项工作做得更快更好。凡事争取提前完成，跟时间赛跑，这是提升生命价值的善举。

抢在时间的前面，这绝不是一句空话，这里面隐藏着高超的智慧和玄机。谁掌握了这个智慧和玄机，谁就为自己赢得了更多的时间。这里的秘诀就是一个字：“挤”，时间是越挤越充裕的东西，正像鲁迅先生所说的：“时间就像海绵里的水，只要愿意挤，总还是有的。”懂得科学利用时间的人，就是靠挤，把一天的 24 小时挤成了 25 小时，把一个月的工作任务，挤成了 29 天就超额完成。

抢在时间的前面，应该落实在我们的日常行为之中。如果我们每天都早起 10 分钟，我们每个月就多出了 300 分钟，这就是 5 个小时，就等于比从前的你多出了半天的时光去从事自己喜爱的事业。

抢在时间的前面，就要与勤奋为伴。在同样的时间里，勤奋造就天才,怠惰养成蠢材。对于勤奋的人来说,时间带给他的总是进步、成就。而对于怠惰的人来说，时间带给他的则是衰老、失败。只有勤奋才能赢得时间，让成功提前来与你相会。

抢在时间的前面，就必须保证提高做事的能力，保证做事的准确性，争取第一次就把事情做好、做对，绝不干返工这样浪费时间的事情。养成了这种习惯对我们个人素质的提高，具有十分重要的意义。我们要永远把有限的时间用在最有意义的事务中去，才能过上更充实，更美好的生活。

抢在时间的前面,还要求我们善于利用黄金时间。所谓黄金时间,就是精力最充沛的时间。每个人的工作性质和工作环境不同，每天的黄金时间也就不同。每个人都有着自己的生物钟，大脑的活动受着生物钟的影响和制约。英国学者经过测试发现，上午8点大脑具有严谨、周密的思维能力，下午2点逻辑思维能力最强，晚上8点记忆力最强。当处在最佳用脑的时间时，脑细胞处于高度兴奋状态，此时大脑接受、整理、加工、储存和输出信息的效率比其他时间高。肯定会提高时间的使用效率。当然，生物钟是可以进行调整的，每个人的生物钟也不完全相同。我们人人都要摸索出自己思维活动的生物钟，并充分地加以利用，从而大大地提高自己的工作效率。

抢在时间的前面，还要牢记，现在是做事的最好时机，无论任何事情都不能向后推，要努力朝前赶。只要我们无论做什么事都敢于争先，勇于做好，成功就在向我们招手了。

不管是抓住要务还是抢时间做完事情，时间总是在一秒一秒地流逝，我们只是在有限的时间里做更多的事情，以实现时间或者说生命的价值最大化。

总之，我们没有任何理由浪费今天的每一刻钟，每一分钟，每一秒钟。想想自己一天做了些什么，是不是每天都在进步，每天都在很有意义地度过每一刻，这既是珍惜时间的表现，也是热爱生命的象征。只要我们用好了自己的时间，就是在爱惜自己的生命和他人的生命，就把握了成功的脉搏。

自强的生命才有力量

自强者都有着坚强的意志，而在危难的环境中，自强永远是你最好的伙伴，帮你去排除一切艰难险阻，取得胜利。

自强，简单地说就是八个字：奋发向上，自勉自励。自强者有胆有识，善于拥抱世界赐予他的一切机遇，去创造惊天动地的事业。自强是一切成功者必须具备的基本素质。

“将相本无种，男儿当自强。”这是古人对我们的教诲，也是成功者时刻铭记的教条。自强的人总是不断地充实自己的智慧和能力，勇于挑战，乐于奋发图强，使自己搭上了成功的快车。自强者坚信：从来就没有什么救世主，要创造幸福只能靠自己，人的命运把握在自己的手中，只有自强不息、奋发进取，才能获得成功。

自强者总是自己掌控自己的命运，对此我们深有感触。

从前有个宿命论者，缺少奋发图强的精神，得过且过，总是以顺天休命的观点，给自己自我安慰。后来，去拜会一位事业上颇有成就的朋友，闲聊中谈起了命运，这位朋友的言论彻底改变了他的观念。

宿命论者问："这个世界到底有没有命运？"朋友说："当然有啊。"他再问："命运究竟是怎么回事？既然命中注定，那奋斗又有什么意义呢？"朋友没有直接回答他的问题，但笑着抓起他的左手，说："不妨先看看你的手相，帮你算算命。"朋友给他讲了一番生命线、爱情线、事业线等诸如此类的话，其实这些线条的理论他听了后很不以为然。

突然，朋友对他说："把手伸好，照我的样子做一个动作。"于是朋友举起左手，慢慢地而且越来越紧地握起拳头。末了，朋友问："握紧了没有？"他有些迷惑，答道："握紧啦。"朋友又问："那些命运线在哪里？"他机械地回答："在我的手里呀。"朋友再追问："请问，命运在哪里？"他若有所思。

朋友很平静地继续道："不管别人怎么跟你说，不管算命先生们如何给你算，记住，命运只能在自己的手里，而不是在别人的嘴里！这就是命运。当然，你再看看你自己的拳头，你还会发现你的生命线有一部分还留在外面，没有被握住，它又能给我们什么启示呢？这就是命运的绝大部分掌握在我们自己手里，但还有一部分掌握在'上天'手里。这里的上天就是指各种外界环境的影响。古往今来，凡成大业者都懂得自己掌握自己的命运，他们奋发图强，努力奋斗。而奋斗的意义就在于用自己的努力，去争取成功，创造生命的奇迹。”

他恍然大悟：其实，命运就在自己的手里！

是的，命运掌握在自己手里，这是多么确切的至理啊。天助自强者，只要我们坚持自强自立，生命不息，奋斗不止，就会创造奇迹。

是否有自强的精神，是现代东西方文化的一个差异。在西方，一直强调年轻人年满18岁后就要离开家庭自立生活，有的甚至回家吃饭还要交钱，他们的这种方式正是在逼着子女走上自强自立的道路。而现在我国的父母，特别是独生子女的家庭，父母都对子女过于溺爱，真是恨不能将其一生都管到底。造成了“八零后，啃老族，高分数，低能力”的现象。其实，也不能全怪孩子，关键在于父母缺少了培养孩子自强精神的观念。溺爱对孩子的未来肯定没有好处，广大做父母的必须加以深思。

自强是成功的条件，是取胜的法则，世界永远只会为自强者开绿灯。下面的故事可以让我们体会到自强对于成功的重要。

一位拳击高手在参加一次锦标赛时，信心十足地认为一定会勇夺冠军。却不料在决赛时遇到一位实力相当的对手，非常难对付。比赛时拳击高手无奈地发现自己竟然找不到对方的破绽，而对方的攻击却往往能击中他的要害。

比赛结果可想而知，拳击高手惨败在对方手下，他懊恼不已地下台找他的教练，并请求教练帮他找出对方招式的破绽。

教练笑而不语，在地上画了一道线，要他在不擦掉这条线的情况下，设法让这条线变短。拳击高手苦思：如何能像教练说的，使地上的线变短？虽经几昼夜的思索仍然不解，只得求教于教练。

教练在原先那条线的旁边，又画了一道更长的线，两者相较之下，原先那条线，看来变得短了很多。教练开口道："夺得冠军的重点，不在于如何攻击对方的弱点。正如地上的长短线一样，只要你自己变得更强，对方正如原先的那条线一般，也就在无形中变弱了"。

现代社会的生存法则是优胜劣汰，你要在这个世界上立足、发展、壮大，就必须比你的竞争对手变得更强大，更有力量。只有你自己变得足够强大时，胜利才会属于你。

树立了自强自立的精神，我们就有了追求成功的激情和力量，我们就会逐渐实现自身价值，一步步地走向成功。这个世界属于强者，想要成为强者，就从这一刻开始自强不息，奋力进取吧！

扑灭燃烧生命的怒火

古罗马诗人、批评家贺拉斯说："狂怒是一种短暂的疯狂。如果你的情感不服从你，你就要对正在支配你的情感加以控制，你一定要用缰绳和镣铐限制它。"愤怒是一种浪费时间的愚蠢反应，它只是拒绝认识生活的另外一种方式罢了。

愤怒是一种不愉快的情绪，它就如同一团炽焰熊熊燃烧，炽焰当中的我们完全失去了自控能力，所言所行将会让我们事后懊悔不已。当某人愤怒时，其实他的内心正在饱受煎熬，平时被理智所压抑的种种负面情绪都会无止境地蔓延开来；当愤怒平息之后，理智才会重新主导心灵，大脑才会冷静、清醒。所以，只有制伏愤怒，我们才能拥有真正的快乐、爱和慈悲。

制伏愤怒的重点在于理清愤怒来源，有效表达它。下面的方法会帮助你做到这一点。

1. 认清你想通过愤怒来达到什么目的

不要被愤怒蒙住了眼睛，看看愤怒背后的欲望是什么。如果你希望和别人交朋友，而别人让你失望，你就愤怒地扇人家耳光的话，那么，你就永远失去了和别人亲近的机会。相反，如果你说出你真正的感觉："我很重视我们的友谊，但有些事情威胁到了我们的友谊，这让我很失望。让我们谈谈，一起来解决这个矛盾怎么样？"最后收获的往往是真诚的友谊和亲情。对自己的愤怒负责，不要给愤怒寻找假、大、空的理由，你需要的是解决问题，而不是空洞的胜利。

2. 不把不满情绪发泄到无辜的人身上

会不会有这样的可能，我之所以对他愤怒，只是因为对他发火比较安全？不要把谁当替罪羊，这样没有任何作用，相反会让你的情绪失控，发完火以后你会后悔莫及。换位思考一下，如果你成了别人愤怒的目标和牺牲品，那么又会不会这样委屈地问自己："对我发怒，他又能得到什么吗？""我一定要为这种事负责吗？"等你明白了替罪羊的苦衷，就会更加清楚地意识到你的发泄是多么的没必要。所以，不要去进行和你没关系、让你什么也赢不到的战斗。

3. 找出获得爱和快乐的方法

有些愤怒是来自于你的基本需要和欲望不能满足，比如：你感到深深地受伤或无助、你想要生活中有更多的快乐和关爱。其实愤怒并不排除爱、感激等积极情感。你可以深爱某人，为他或她感到怒不可遏，但仍然继续爱着他或她。实际上，愤怒的产生往往是由于爱得太深，我们常说："爱之深，责之切。"当你因为那些积极情感愤怒时，你需要找出获得爱和快乐的方法，愤怒才会消失，而发泄愤怒只会让你更受伤。

4. 不以愤怒的方式找回你的自尊心

愤怒可能是你用来掩饰自己受伤的一种高傲的方式，是你的生存受到了威胁和自负受到了伤害时的一种自我保护。但是这种方式并不能最终解决问题，为了面子而奋斗只会让你离目标越来越远。

真正自信的人是不会为了别人小小的事情就认为伤了自己的自尊心的，所以很多时候愤怒来自于我们的不自信和不安全感。你必须牢记：人的自信心和自尊心是同个人能力成正比的，你的愤怒只会让人更清楚地看到你的缺点和不足。

5. 记录你的愤怒

养成写日记、微博的习惯，并把自己每次发怒的前因后果都记录下来。过段时间后重新看一下那些不开心的经历，你就会发现有些愤怒多么地没有必要、有些愤怒让你失去了更多……然后仔细想一下，如果再遇到那样的事，你还会愤怒吗？

6. 真诚、负责地表达你的愤怒

不要用暴力的方式，因为暴力只会带来更多的愤怒、伤害和复仇，无论是口头的还是躯体的攻击都不会熄灭怒火。告诉别人是什么让你感到愤怒或受伤害，告诉他们你真正希望他们做的是什么，以不攻击的方式将不满表达出来。与其说“你错了，你简直离谱”，不如说“我觉得受伤，你的所作所为没有考虑到我的需要”。

7. 将愤怒暂时搁置

愤怒时将愤怒暂时搁置，专心做一些会分散你的注意力或舒缓神经的事，如在愤怒的时候从1数到10、做几次深呼吸、体育锻炼……等冷静下来之后，你再考虑是否真的值得发火，是否有更好的解决方式。

8. 不要压抑自己

不要假装你没有愤怒，不要通过否认愤怒来麻醉自己。压抑自己不会让你得到你想要的，只会让你感到迷惑、内疚和忧郁。生气是每个人都会有的情绪，但情绪和情绪表达则是两回事。当一个人一直压抑怒气时，迟早会如同水库溃堤。因此与其压抑，不如学习如何缓解。

9. 对事不对人

有些时候，你愤怒的原因是对方没有按你的要求把事情做好。

在这种情况下，你的愤怒才合情合理。但你必须明白，你的初衷是为了把事情做好，你的愤怒是为了解决问题。所以你在愤怒时一定要想清楚该怎样做才会对你最好，会是针对人地大吼：“你这混蛋，全被你搞砸了”吗？还是说：“这件事让我很生气！”这样对事不对人才能更好地达成你的初衷。

10. 总结经验教训

愤怒是一次学习的机会，通过了解自己愤怒的来源，我们可以把愤怒的能量转化为建设的动力。在平时注意那些会让你烦闷的情境，不要让环境影响了你的心情，使你愤怒起来。而且，还要对这些情景做好充分的思想准备，等你不得不面对它们时，要尝试着去做一些会有助于你心情平和的事情。另外，愤怒之后，试着去了解是什么真正让你愤怒，并把你的想法告诉另一个人。一个中立的倾听者能帮你理清情绪、认清目标。

摆脱过往留下的伤痛

面对命运的变数，我们所能做的便是坦然接受。我们理应知道，总有一些事情是我们所无能为力的，总有一些东西是我们必须放弃的。

很多做健康和心理咨询的人，常常和咨询师说因为过去发生的事使他们不能享受今天：

因为他们过去不曾做某事，或者过去没有按照某种方式做某事，他们今天就不能过充实的生活；

因为他们失去了过去所拥有的东西，他们也就不能享受今天的生活；

因为他们过去曾经受过伤害，所以他们现在就不能接受别人的爱；

过去他们做某事的时候，曾经发生过令人不愉快的事，所以今天他们如果再做这件事，就一定会重演过去的不愉快；

他们过去在做某事的时候，出现过失误，这令他们很难过，因此他们确信自己永远是一个失败者；

因为其他人曾经对他们做过什么，所以都是因为其他人的错，使他们不能过上想过的生活；

因为过去的某种情境令他们感到非常愤怒，所以至今他们还沉浸在那种感受中；

因为他们在很久以前曾经被糟糕地对待过，所以他们永远不会宽恕和忘记；

……

我们经常沉浸在过去的事情之中而无法自拔，并且我们丝毫没有意识到，过去的事情其实并不该在意。

过去的事情已经发生过了，无法再去改变；我们能够体验的只有现在，我们能改变的是未来如果我们重复地哀悼过去，我们也只能在现在的时刻中回忆过去的经历，而在这个过程中我们会失去对现在的体验和对未来的勾画。

人生如同一场旅程，我们都是路人，边走边看，这其中有欢笑也有泪水。某一刻，在某一个地点驻足回首，就会发现有一些足迹已经延伸至目不可及的地方；而自己的身后又有了许多新的足迹。看着身后的那一串串脚印，心中难免会有片刻的感伤。回首之后，再一直走下去。就这样停停走走，人生本该如此。对于过往，适时地怀念一下，凭借着些许模糊的记忆，偶尔的留恋，可以平添生活的美丽。但是过分地沉浸其中，只会让你的生活充满苦涩。

人生需要忘记，忘记那些不必重提的往事。有些事、有些人是不值得回忆的，干吗要死死守着那些即将腐朽的记忆，强迫着自己翻来覆去地疼痛。或许现在只是走向幸福前在谷底的涅槃，即使那些噩梦不停地环绕，即使夜夜因此失眠、头疼欲裂……但至少我们还在坚强地活着，还要勇敢地生活下去，哪怕只是伪装的很快乐这就足够了。哀伤和痛苦是因为我们在渴望幸福和快乐，有些时候我们必须放弃一些东西的，因为必定有另外一些东西值得我们为之放弃些什么。

也许拥有是为了失去，相聚是为了离别。我们拥有了也就表示我们会失去，相聚也就表示会分离，我们又何必勉强一切呢？我们根本就没有能力改变事情的结局，我们能做的只是去完善事情的结果，所以我们选择遗忘，选择不再沉寂在过去的生活中，选择好好地享受现在的生活，这样不是更好吗？

坦然面对生活的不幸

在人生的每一个日子里，应该积极地去面对那些生命里的悲剧和苦难。微笑着去面对不幸，生命即使短暂，也会发出温暖人心的光芒。

人类的悲伤通常来自挫折和失败，如流离失所、亲友死亡、离婚、失业等。另外，悲伤又会因生活经验、文化特质而异。比如，失去亲人会让人觉得悲伤，但悲伤的表达方式则因当事者的年龄、经历而有所不同。悲伤的外在表现即为沉默寡言、痛哭流涕、长吁短叹等。若悲伤的状况不能及时缓解，还会危及心理和生理健康。

人的一生，沉浮不定，不会永远如旭日东升，也不会永远失意潦倒。反复地一浮一沉，对于一个人来说，正是一种磨炼。所以，如果我们能保持一种健康向上的心态，即使我们身处逆境、四面楚歌，也一定会充满斗志，静心地等待“柳暗花明”的那一天。发生不幸时保持什么样的心态，将直接决定你的人生轨迹。事实证明，面对艰难困苦，不消极面对以后的生活，才有重新获得幸福的可能。

一般情况下，任何人都不愿提起悲伤的事情，毕竟那是阴暗苦痛的过往。有些伤痕划在手上，愈合后就会留下疤；有些伤痕划在心上，哪怕划得很轻，也会久驻于心；有些人近在咫尺，却是一生无缘……生命中似乎总有缺憾，总有经历不完的苦难，而这之后留下的悲伤也注定了要成为心灵的重负。

其实，人这一生中总会遇到这样或那样不如意的事情、也许我们无力改变这个事实，但我们却可以改变看待这些事情的态度。不要为失去的难过，也不要为未知的焦虑，更不要为眼下的不幸耿耿于怀，而是要顺其自然，因为生活并没有我们想的那么糟糕。

那么，当不幸降临到我们头上，该如何科学度过悲伤期呢?

1. 学会辩证地对待悲伤情绪

思想家说："顺利只能引导我们走向世界的一端，而不幸却能将我们调转方向，让我们看到世界的另一端。"

生活中不可能只有欢笑没有悲伤，每个人的心底都会有或深或浅的一份悲伤。许多时候，有了悲伤的体验，你才能更珍惜快乐的惬意。因此，悲伤的时候，不妨好好体验一下这份伤感，让身心得到一次淬炼，也许在不久的将来你就能体会其中的益处。

当不幸降临时，最好的办法就是坦然面对它，只有这样你才能清楚地知道挫折失败的根源，才能在以后的生活中做得更好。学会承担现实，那是我们人生中必然要走的路，能够微笑地去面对和承担这一切，才是生命里的最高境界。

2. 学会发泄

无论悲伤、忧虑、不幸、难过，我们都要发泄出来，不发泄出来闷在心里是很不好的，那样会影响自己的身心健康。

要发泄就应该科学一些，比如，找个没人的地方大喊几声，甚至骂骂人，粗俗一点都不要紧，把悲伤、忧虑、不幸、难过统统地喊出来、骂出来，这样，心理就会平衡一些，情绪就会渐渐平复过来。不要采用只是流泪的方式，流泪通常是消极的选择，伤感只能是越伤越感、越感越伤。

这里需要注意的是，不要把悲伤带给别人。作为一个科学的现代人，我们要学会自己处理自己的事情，不要把任何事情都寄托在别人的身上，特别是自己处在悲伤、不幸、痛苦的时候，我们要学会自己站起来，去战胜悲伤、不幸和痛苦。只有这样，我们才可能真正地坚强、自信和智慧。

3. 选择一些自己喜欢做的事情

在悲伤、忧虑、不幸、难过的时候，我们要学会思想、心态、情绪的转移。比如，找些自己喜欢做的事情，尽可能地用自己的爱好、兴趣来分散痛苦和悲伤。此外，爬山是个很有效的手段，把自己放在特别的环境里，看到大自然的伟大与美丽，身心就渐渐地平静、安详了。

4. 读一点书、学一点哲学

人的成熟就是在一次次的挫折、不幸、悲伤、痛苦中完成了质变的。这些都是催人成熟的催化剂！在如今变化飞速的生活节奏里，当你面对挫折和不幸时，你学会了坦然吗？你是否还有一颗平常的心？能够以一颗平常心来坦然面对挫折与不幸，是这个时代的要求。当我们真的能坦然面对一切时，才合乎现代人的为人处事的常理，才能适应这个变化莫测的世界。

战胜恐惧让生命和谐

从恐惧的本意和表现来看，恐惧起源于我们自身，是我们自己吓怕了自己。

恐惧感的产生与过去的心理感受和亲身体验有关。俗话说："一朝被蛇咬，十年怕井绳。"有的人在过去受过某种刺激，大脑中形成了一个兴奋点，当再遇到同样的情景时，过去的经验被唤起，就会产生恐惧感。

恐惧心理还与人的性格有关，一般孤独、内向的人易产生恐惧感。恐惧感的产生和其他感觉一样,往往是各种因素共同作用的结果。其表现为神经高度紧张，内心充满害怕，注意力无法集中，脑子里一片空白，不能正确判断或控制自己的举止，变得容易冲动。

每个人内心都有恐惧感，害怕生病、害怕失败、害怕交际、害怕生活没有保障、害怕死亡……人生处处充满压力和危机，激烈的竞争、无数防不胜防的陷阱。稍有疏忽就会万劫不复,我们必须明白。从某种意义上来讲，恐惧更像是一种鞭策，时刻提醒我们该做什么、不该做什么；该怎样做、不该怎样做。但是，很多时候人们为了避免麻烦，所采取的方式通常就是逃避。这种消极的态度对你产生了一些消极的影响，随着恐惧的程度加深，范围扩大，恐惧带来的影响恶化了，鞭策也就变成了鞭笞。

我们必须明白，客观的恐惧是避免不了的，一个人或许可以摧毁心中的一切，但只要他活着，他就无法摧毁恐惧。一个智慧再高的人看到正在吐信的巨蟒、看到从未见过的天外来客照样会恐惧。不过，主观的恐惧是可以通过丰富的经验、通过树立自信和提高认知来消除的。

美国一位有名的新闻记者琼斯，刚出道时极为羞怯怕生。有一次上司叫他去访问一个大法官，琼斯极为恐惧，连连说“不行不行，他不认识我，根本不会约见我的！”在场的另一个记者当即拿起电话就拨通对方秘书办公室：“你好，我是明星报的记者琼斯，奉命采访布兰德斯法官，不知道他今天能否接见我几分钟？”吓坏的琼斯在旁边愤然大叫“你怎么能报我的名字！”这时电话那头已传出声音：“下午一点十五分，请准时。”同事得意地耸耸肩：“琼斯先生，你的约会安排好了。”琼斯一下子愣住了。“那短短十几秒是我二十几年来学到的最重要的一课。”成名后的琼斯在回忆这件事的时候总是这么说。

老罗斯福说：“克服恐惧最佳的对策，就是勇敢地面对它。”产生了恐惧，我们就要战胜它，正是因为它阻碍了我们前进。回避只能让我们永远无法真正了解对手，只能让我们永远将对方置于强大的地位。我们只有彻底了解双方的优劣，做到知彼知己，才会化解我们对对方的恐惧，也才能消除我们心中的恐惧，然后提高我们自身的能力，找出正确的方法，就可以百战不殆。

如何脱离恐惧？如何战胜恐惧、获得控制恐惧的力量？是每个追求成功的人都在思索的问题。尼采说：“从失败的恐惧中解脱出来——现在我终于输得起了。”这种输得起是指一开始就把失败考虑进去、准备好承受一切挫折的心态，而这种心态也正是人性成熟的标志。

卡耐基在《人性的优点》一书中提出了战胜恐惧的具体步骤。他这样写道：

1. 问问你自己，可能发生的最糟的结果是什么。

2. 详细地写下你的忧虑。

3. 如有必要的话，接受这种最糟的情况。

4. 写下解决这个问题的所有方法。

5. 决定哪种方法最好。

6. 立刻去做。

7. 对你认为糟糕的事情，平静地去加以改善。

我们认为，这七点其实只有两个核心：做好最坏打算并且采取最优行动。其实在很多情况下，立即去做让你恐惧的事，就是战胜恐惧的唯一法宝。

这里有几条切实的方法，帮助你彻底战胜恐惧。

1. 学会调整自己

处理问题时，你不去想对方会怎么怎么样，你自己发挥怎么怎么样，当这个念头刚出现的时候，就应立即把它打住，你只想你现在该做的事情是什么就可以了。过程对结果就自然有，过程做了没有结果也没有什么，因为你尽了努力，你正常发挥了，害怕是没有用的。

2. 给自己以暗示鼓励

在心里对自己说：反正不会死，反正又不会被吃了，失败了没有关系，我还有机会，我还年轻……要大胆地讲这些话，用激励性语言给自己加油。

3. 掌握消除紧张的窍门

（1）深深地吸口气，吸入后闭住气 10 秒钟，然后再慢慢地呼出来。呼吸时什么也不要去想，连续反复几次。

（2）先去洗手间，在卫生间里面，用动作来创造情绪，把积在心里面的那种低迷的情绪释放出来。通过改变那种比较低沉、那种胆怯的情绪，不再使自己处于低沉的抑制状态，使自己振奋。

（3）把自己的紧张感觉告诉别人，你可以这样说："不瞒你说，来之前我心里确实比较紧张。"你这样说了，有时候，反而会平静下来。这就好像你上台发言一样，在没有正式讲之前会很紧张，而你坦承一些，反而会变得平静下来，不紧张了。另外，你这样坦诚地说出来，对方也会理解你，因为你的紧张是个事实，你不说对方都看得一清二楚，不坦承一些反而会让对方觉得你心理素质及个人能力差。

（4）把能引起你紧张、恐惧的各种场面，按由轻到重依次列成表（越具体、细节越好），分别抄到不同的卡片上，把最不令你恐惧的场面放在最前面，把最令你恐惧的放在最后面，卡片按顺序依次排列好。进入松弛状态后，拿出上述系列卡片的第一张，想象上面的情景，想象得越逼真、越鲜明越好。完全松弛后，重新想象刚才失败的情景。若不安和紧张再次发生，就再停止后放松，如此反复，直至卡片上的情景不会再使你不安和紧张为止。当你想象最令你恐惧的场面也不感到脸红时，便可再按由轻至重的顺序进行现场锻炼。注意，每进入下一张卡片的想象，都要以你在想象上一张卡片时不再感到不安和紧张为标准，否则，不得进入下一个阶段。

如何消除恐惧心理，其实就是如何树立一个正确的价值观、人生观，当你能从客观的角度去看待事物时，大多数恐惧感都会消失。

如果通过自己的努力还是无法消除这些恐惧心理，那么最好的办法就是寻求专业医生的帮助。总之，不论使用哪种治疗手段，恐惧心理都是可以消除的。

增强生命的抗击打能力

一个人抗打击、抗挫折能力强了，真正的信心也就有了。对我们每个人来说，从来到这个世界的第一天起，每天要面对的困难和失败都无法避免，而正因为在成长的过程中，我们自信、坚持、学习、做事，一步步增强生命的抗击打能力，才使我们的生命走到今天。

面对困难，提高自己的心理承受力，增强生命的抗击打能力，是人们生存和发展所必需的。因此，我们一定要有乐观向上的态度，一定要满怀无限的希望，因为这是精神力量的来源。

人生在世，不可能万事如意、心想事成，倒是不如意事常八九，困难挫折常常与我们不期而遇。如果人们没有足够的心理承受能力，就会被搞得晕头转向、意志消沉，甚至悲观绝望。

一个小伙子大学毕业了，对未来充满希望的他被分配到一个海上油田钻井队。在海上工作的第一天，组长要求他在限定的时间内登上几十米高的钻井架，把一个包装很漂亮的盒子送到在最顶层的队长手里。小伙子高兴地拿着盒子快步登上高高的狭窄的舷梯，当他气喘吁吁、满头是汗地登上顶层，把盒子交给队长时，队长只在上面签了自己的名字，就让他送回去。他又快步跑下舷梯，把盒子交给组长，而组长也同样在上面签下自己的名字，让他再送给队长。

年轻人看了看组长，犹豫了一下，又转身登上舷梯。当他第二次登上顶层把盒子交给队长时，浑身是汗，两腿发抖，队长却和上次一样，在盒子上签下名字，让他把盒子再送回去。他擦擦脸上的汗水，转身走向舷梯，把盒子送下来，组长签完字，让他再送上去。

此时的他开始有些愤怒了，不过他看看组长平静的脸，尽力忍住不发作，又拿起盒子艰难地一个台阶一个台阶地往上爬。当他上到最顶层时，浑身上下都湿透了。他第三次把盒子递给队长，队长并没有接，只是慢条斯理地说："把盒子打开。"他撕开外面的包装纸，打开盒子，发现里面只是一罐奶粉。他愤怒地抬起头，双眼喷着怒火，射向队长。

队长又对他说："把奶粉冲上。"年轻人再也忍不住了，"啪"地一下把盒子扔在地上："我不干了！"说完，他看着地上的盒子，心里痛快了许多，刚才的愤怒全释放了出来。

这时，队长站起身来，直视他说："刚才让你做的这些叫做承受极限训练，因为我们在海上作业，随时会遇到危险，所以我们身上一定要有极强的承受力，能承受住各种危险的考验，才能完成海上作业任务。前面三次你都通过了，可惜只差最后一点点，你没有喝到自己冲的牛奶。现在，你可以走了。"

这个年轻人离成功只有一步之遥，他所欠缺的只是再多一点点心理承受能力。其实，每个人都应该有意识地培养生命的承受能力，如此方能应对各种问题。

在人生路上，遇到了失败，我们不应该自暴自弃、自甘堕落，而是应该把它作为一生的转折点，选择新的目标或探求新的方法。

有两位姑娘，她们一个叫珍妮，是美国人；另一个叫南希，是英国人。她们聪明、美丽，却都是残疾人。

珍妮出生时两腿没有腓骨。1岁时，她的父母做出了充满勇气但备受争议的决定：截去珍妮的膝盖以下部位。珍妮一直在父母怀抱和轮椅中生活。但是后来，她装上了假肢，凭着惊人的毅力，让自己过上了正常人的生活。她现在能跑、能跳，甚至还可以跳舞和滑冰，并且她还做模特，频频成为时装杂志的封面女郎。珍妮的事迹让人深感惊讶和钦佩，因此她经常受邀去女子学校和残疾人会议上演讲。

与珍妮不同的是，南希并非天生残疾。她曾参加英国《每日镜报》的“梦幻女郎”选美，一举夺冠。1990年她赴南斯拉夫旅游，决定侨居异国。当地内战期间，她帮助设立难民营，并用做模特赚来的钱设立希茜基金，帮助因战争致残的儿童和孤儿。1993年8月，在伦敦她不幸被一辆警车撞倒，造成肋骨断裂，并失去了左腿。但她没有被这一生活的不幸击垮。她很快就从痛苦中恢复过来，康复后她比以前更加积极地奔走于一些较混乱的国家，呼吁禁雷，并为残疾人争取权益。

也许是一种缘分，珍妮和南希在一次约见国际著名假肢专家时相识。她们一见如故，情同姐妹。虽然肢体不全，但她们都不觉得这是多么了不得的人生憾事，反而觉得这种奇特的人生体验，给了她们更加坚韧的意志和生命力。她们现在使用着假肢，行动自如，与正常人毫无区别。只有在坐飞机经过海关检测，金属腿引发警报器铃声大作时，才会显出两位美女的腿与众不同。只要不掀开遮盖着膝盖的裙子，几乎没有人能看出两位美女套着假肢。她们常受到人们的赞叹："你的腿形长得真美！你的身材真好，曲线是多么的完美！"珍妮说："我虽然截去双腿，但我和世界上任何女性没有什么不同。我喜欢打扮，希望自己更有女人味。"

这对姐妹从不认为身为残疾是多么悲惨的事，她们更不会去自怨自艾。人生在她们眼里仍然是美好的，她们在人们眼中也是美好的。也有异性在追求她们，她们和别的肢体健全的姑娘一样，也有着自己的爱情。乐观地面对生命中的一切，永远积极地生活，这就是珍妮与南希的做事原则和人生态度。

对于我们来说，面对困难，不仅要有乐观向上的态度，还要勇于拼搏。我们每一个人都有困难的经历，它就像一块生命的试金石，考验着我们的精神、意志。在困境中，我们只要拥有乐观向上的态度和不屈不挠的精神，就一定能走出困境。

提升生命中的自信力

自信力是一粒生命的种子，深藏在人心里，随时都可能发芽，并开出绚烂夺目的花朵。

自信，是对自己充满信心，遇事不乱，处事不惊，有一种从容平静的心境。自信是使人成功的第一要素，它和力量是成正比的。人生需要进取的力量，也只有具备足够进取力量的人生，才是激昂向上的人生，而自信就是这种力量的沃土。面积广大的自信孕育着厚重茂盛的力量。

“信心可以移山”这句《圣经》名言，常常被成功的智者们津津乐道。真正去相信你能移动一座山，你就能移动它。并不是很多人相信他们能移动一座山，所以不是很多人能这样做。的确，你无法凭“但愿”就移开一座山；你不能凭“但愿”就被提升到高级经理的位置；更不能凭“但愿”就住进五间卧房、三套卫浴的豪宅；你不能凭“但愿”就进入高收入阶层或领导阶层。但是，你可以凭借信念去争取，只要你相信自己能成功，并不断地努力，就能赢得成功。自信心就是这样发挥作用的。

自信是激发潜能的最佳法宝，是每个人都可以发掘的宝藏，你认为自己是有价值的人，那你就会去做有价值的事，变成有价值的人。自信使你敢于追求实现自身的最大价值，敢于去干自己想干的任何事情。自信始终让你保持最佳状态，有助于激发你的潜能。

自信可以使你产生巨大的力量，你可以在强有力的自信心驱使下，把自己提升到无限的高峰。如果你想成功，那么你一定要自信，因为自信是人类操纵自己命运的舵手。

自信是一个人成功必备的素质，无数优秀人士高举自信的旗帜，从逆境中奋起，在艰难中前进，一往无前，所向披靡，登上了人生成功的巅峰。世上所有成功的人,都有一条成功的秘诀,那就是自信。

自信可以让你创造奇迹，相信自己能成功，自己往往就会成功，这是人的意识和潜意识在起作用。当意识做决定时，潜意识则做好了执行的所有准备。也就是说，意识决定了“做什么”，而潜意识便将“如何做”准备好了。一个人只要下定决心做成某件事，他就会凭借意识的驱动力量越过前进路上的所有障碍，达到成功的彼岸。

自信是人实现理想的原动力。自信是智慧的力量结合伟大的目标而产生的一种实现理想的内在动力。自信是成功的发动机，自信的人永不退缩，自信人的从不向失败投降。拿破仑的名言：“我的字典里没有不可能的字眼。”这正是自信的宣言。

人生旅途无论何时何地都可能遭遇到危机。在困难面前是退缩还是无所畏惧地迎接挑战，这正是对自信者和胆怯者的考验，也是失败和成功的分水岭。自信的人会毫不犹豫地接受挑战，因为他们坚信危机里存在着更多成功的机遇，克服困难后也就是前进的最佳契机。自信的人总是充满活力，精神焕发，洒脱大方地挑战世界上的一切，一切艰难险阻只能给他们让路，失败只能望风而逃。

在我们的生活中，总会遇到很多不自信的人，在每一天做着不自信的事情，可是他们并没有意识到或者没有能力去改变这样的状况。下面我们给大家介绍几种如何建立自信的小诀窍，如果你有勇气去面对并且坚持自身的训练，用不了多久，你肯定会成为一个对学习、对生活充满自信的人。

1. 积极自我暗示，相信自己能行

别人能行，相信自己也能行；其他人能做到的事，相信自己也能做到。要善于在课桌上、工作台上、床沿边上放上激励语："我行，我能行，我一定能行！"、"我是最好的，我是最棒的！"每天早晨起床后、临睡前各默念几次，发言前、做事前、与人交往前，特别是遇到困难时要果断、反复地默念。这样，就会通过自我积极的暗示机制，鼓舞自己的斗志，增加心理力量，使自己逐渐树立起自信心。

2. 注意仪表，保持精神风貌

一套笔挺的西装会使一个男人庄重起来，一袭长裙会使一个姑娘的举手投足都显得靓丽、迷人。因此，漂亮的仪表能够得到别人的夸奖和好评，能提高人的精神风貌和自信心。所以，自卑的人特别要注意自己的外表，学会从头到脚扮靓自己。学习工作之余，要多照镜子，保持发型美观，衣着整洁、大方。当你的仪表得到别人的夸赞时，你的自信心一定会油然而生。

3. 挑前面的位子坐

你是否注意到，在各种聚会中，后面的座位是怎么先被坐满的吗？大部分占据后排座位的人，都希望自己不会"太显眼"，而他们怕受人注目的原因就是缺乏自信。而坐在前面是能建立信心的，把它当做一个规则试试看，从现在开始，就尽量往前坐。当然，坐在前面会比较显眼，但要记住，有关成功的一切都是显眼的。

4. 练习正视别人

一个人的眼神可以透露出许多有关他的信息。当别人不正视你的时候，你会问自己："他怎么了？他是怕我什么吗？他心里有鬼？"不敢正视别人通常意味着："感到自卑、不如别人、或我做了或想到什么我不希望你知道的事，我怕一接触你的眼神，你就会看穿我。"正视会告诉对方："我很诚实、光明正大，我的话是真的，你完全可以信任我。"你要让你的眼睛为你工作，这不但使你增加自信，也能为你赢得信任。

5. 练习当众发言

很多思路敏锐、天资高的人，在参与讨论时无法发挥他们的长处。这并非他们不想，而是因为他们缺少信心。他们总是认为："我的话无足轻重，别人不会采纳的，如果说出来，别人也会觉得太愚蠢，我最好什么也不说。而且其他人可能比我懂得多，我并不想让他们知道我是这么无知。"还有的人，心里总是说："下一个就是我，我要发言。"可是当前者发言完毕时，他又不敢马上站出来，于是告诉自己"下一次吧"，白白地将机会让给别人。积极发言需要你有自信，一旦你有了机会，就要不惜代价抓住它。该说就说，不用考虑你在说什么，只要你敢说，拿出你的自信来。这样一次又一次，你的自信会不断增长。

6. 练习爽朗地笑

大部分人都知道笑的威力，它是医治信心不足的良方，但是并不是每个人都能利用起来。真正的笑，不仅能治愈自己的不良情绪，还能化解别人的敌视情绪。如果你对一个人会心地微笑，别人会对你生气吗？笑要大笑，甚至连牙都露出来，这样才显得你有多么坦诚。

7. 把步速加快

观察人的走路是一种乐事，它比看电影要省钱得多，但却有着比电影还大的启发性。许多心理学家认为：懒散的姿势、缓慢的步伐都是跟不愉快感受联系在一起的。借助步速，可以改变这种心理状态。仔细看你便会发现，那些受打击的人走路拖拉、没有自信。而胸有成竹的人，走在大街上也是昂首阔步，他在用肢体语言告诉人们："我是一个成功者。"抬头挺胸走快一点，你就会感到自信心在增长。

8. 切勿求全责备，学会变换视角

信心不足的人总是看到自己的缺点，而很少看到自己的优点。他们总喜欢用自己的缺点与别人的长处相比较，常常导致情绪低落，自信心缺乏。其实，我们不需要为自己的不足而整天自责，而要相信"天生我材必有用"，"天行健，君子以自强不息。"即使自己因失败而陷入自责时，请你提醒自己，不要做完美主义者，换一个角度看问题，把它变成表扬。心理学家告诉我们，做自己的伯乐，善于发现自己的优点，不断激励自己，你的自信心就一定会大增。

9. 学会赞扬自己

学会认清自己、赞扬自己，不自卑、不自怜、不自责。自信是保持愉快情绪的重要条件，自信来自于对自我的正确认识和评价，感觉到为别人所赞赏和具有责任感。适当地赞美自己也有助于增强自信，增添快乐。比如，每天用一分钟大声讲述自己的优点，对着镜子表扬自己，以增强自信。

10. 学会善待他人

首先，要善于对身边的人微笑。微笑是友善的信号，会给别人带来温暖和欢乐，也容易让别人喜欢，与自己主动交往，使自己摆脱孤独感和寂寞感，内心充实，心情舒畅，从而不断产生信心和力量。其次，在与人交谈时，适当、真诚地赞美他的优点，会使他感到高兴，那他也会投桃报李，夸赞你的闪光点，使你有如沐春风之感，信心大增。再次，在生活上、学习上、工作上主动帮助朋友、同学、同事，也要经常帮助其他人，这样，不仅赢得了别人对自己的好感、赞扬和帮助，也使自己增强了社会责任感。

11. 积极参加集体活动

信心不足的人应参加各种集体活动，一定要注意克服怯懦、优柔寡断等不良意志品质，培养意志的果断性、自制性和坚韧性。特别要鼓起勇气，大胆参加班级或单位组织的活动。在集体活动中见贤思齐，虚心向别人学习，开动脑筋，集思广益，尽力做好每一件事，尽心恪守本职工作。不怕犯错误，犯了错误立即纠正；不怕失败，失败了从头再来。雷锋说得好："不经历风雨，长不成大树；不受百炼，难以成钢。"循序渐进，让自己逐步体验成功，而体验成功的诀窍就是不断为自己确立容易实现的奋斗目标。比如上课、上班不迟到，提前完成每天的学习、工作，利用休息时间为自己"充电"，等等。当每一个子目标完成时，都要奖励自己，如看一会儿电视，听一段优美的音乐，吃一个苹果，买一本向往已久的书，等等。这样通过一个又一个子目标的实现，就会越来越接近成功。完成这些容易实现的目标可以让自己明显地感觉到进步，更容易体会成功，同时也增强了自信心。

你想成功吗？那就先树立你的自信吧！因为自信就是力量，自信是成功的秘诀之一。

成功者的性格和做法

成功就是达成所设定的目标。成功其实是一种感觉，可以说是一种积极的感觉，它是每个人达到自己理想之后一种自信的状态和一种满足的感觉。到达成功的方法是什么呢？那就是具备成功者必备的美德，付出常人所不能付出的努力！

生活中，为什么有些人能顺利地达成自己的目标，而另一些人却时常遭遇“滑铁卢”？在这个问题上，很多人都会感到不解和困惑。事实上，当谈及为什么会成功或失败时，即使是那些睿智并卓有成就的人也感到头疼。他们大多是凭直觉认为，这是由于人们天生往往只拥有某些天赋而缺少另一些造成的。但这种认知仅仅是看到影响成败的一个方面。事实上，许多学者几十年来对成功的研究结果表明，成功人士之所以能实现目标，是因为他们有着特殊的性格，并且做了特殊的事情。

下面，就让大家看看那些成功人士与众不同的性格和处事方法都有哪些。希望大家能学习和借鉴，并以此自我检视、自我完善。

1. 成功人士的性格特点

（1）成功人士的自信型性格：充满自信，永不言败。

自信是人生的脊梁，拥有自信，你将在一切挫折面前永不言败；自信是天使的翅膀，让我们去自由地翱翔人生；自信是一种无悔的执着，让我们守护自己的使命；自信是一种生存的智慧，让我们在成功与失败的夹缝中傲雪凌霜；自信是一种生命哲学，让我们透视厄运的本来面目；自信是一种无穷的力量，让我们从失败的对面发现成功。

（2）成功人士的自制型性格：自我控制，冷静控制。

也许你无端地受到了指责和误解；也许你一招不慎，在人生之路上迷失了方向；也许你的心正受着痛苦的煎熬，你的精神正在崩溃的边缘徘徊，但是千万要记住冷静面对，学会控制，要知道，上帝欲毁灭一个人，必先使其疯狂。

（3）成功人士的善思型性格：善于思考，以智取胜。

我们生活在五彩缤纷的世界，总要不停地面对各种各样的人，应对形形色色的事；在人生旅途上，奋力进取的同时，还要懂得保护自己。那怎样使自己游刃有余，永操胜券？思索是唯一的选择。

（4）成功人士的学习型性格：充实自我，不断进取。

我们正生活在一个头脑竞争的时代，越来越激烈的竞争让人们认识到只拥有知识是远远不够的，因为知识是一个动态系统，时间的流逝老化了生命的同时，也在老化已有的知识。如何让知识常有常新，其唯一的选择就是学习，而且是终身学习。

（5）成功人士的理智型性格：关键时刻，思路清晰。

理智表现为一种明辨是非、通晓利害以及控制自己行为的能力。具备这种能力并能自觉保持，或者更深层次地说，当这种能力变成一种理性取向时，它便形成一种性格。

（6）成功人士的独立型性格：改变命运，只靠自己。

独立意识，既创造了自我，也成就了社会；没有社会成员主观意识上的独立，这个社会将失去存在的意义。独立型性格，是社会发展的一种认同，一种提示，一种动力。

（7）成功人士的果断型性格：果断行事，敢于冒险。

果断是一种性格，也是一种气质，它会让身边的人体验到雷厉风行的快感。果断更是一种境界，只有果敢行事、当机立断的人，才会让人钦佩、羡慕、信赖并从中获得安全感。这是一个需要果断的时代。

（8）成功人士的豪爽型性格：心胸坦荡，豪爽率真。

“豪爽者皆成大事之英雄。”豪爽，的确是一种令人欣赏的性格。豪侠仗义，豪气冲天，豪情满怀，豪言壮语……正如诗人余光中盛赞李白：“饮一口豪气，秀口一吐，就半个盛唐。”豪爽的性格，让历史都充满了灵气。

（9）成功人士的坚韧型性格：风摧不垮，雨打不折。

有这样一种人，他们的性格具有很强的魅力，面对人生的沧桑、生命的磨难或者是际遇的不幸，他们性格中那种坚韧不屈的个性，会让自己克服一切困难。因而他们所具备的性格就是力量的源泉，是他们征服世界的基础。

（10）成功人士的刚毅型性格：阳刚气度，强者风范。

刚毅拯救了尘俗边缘的灵魂，摒弃了世俗的舒适和安逸带来的贪恋、犹疑、怯懦，所有的困厄在其面前最终只能销声匿迹。刚毅让思想更深刻，心灵更坚韧，品德更高尚。

（11）成功人士的行动型性格：把握时机，马上行动。

行动是成功的先决条件，是检验个人能力最直观的方法。恰如有句名言所说："心动而不行动的人，幸福永远不会降临。"

（12）成功人士的社交型性格：关系网中，拓展人生。

所谓人际关系，就是感情和关系网络。维持好的人际关系是创造财富的有效方法。一个人的事业成功离不开个人的努力，但要想让自己的事业更进一步，那就必须依靠人际关系，全世界最成功的人都是人际关系好的人。"多个朋友多条路"，再顶天立地的英雄，离开别人的帮助也很可能一事无成。

（13）成功人士的沉稳型性格：心态平和，宠辱不惊。

拥有平和的心态，就必须培养沉稳的性格，沉稳可以看尽千山而心如止水，可以阅尽千帆而波澜不惊。沉稳是理与智的集锦，是动与静的交会。拥有了沉稳就拥有了人生的宽厚；拥有了沉稳就拥有了人格的芬芳。

（14）成功人士的温顺型性格：以柔克刚，所向无敌。

温厚、谦顺并不是软弱，而是生命的大智慧。"至刚而易折"，有时候一味地强硬，只会让事情变得更糟；而适当地谦让、容忍会使对手"无从下手"。

（15）成功人士的快乐型性格：乐观向上，远离忧愁。

传说有这样一种药物，人吃了以后会大笑不止。我们无法考证这种神奇的药物是否真的存在，但“笑对人生”却是我们每个人都可以做到也都应该做到的。在纷繁芜杂的人生苦旅中，苦难、挫折、失败、沉沦都是无法避免的，快乐的人可以一笑了之，而忧伤的人却难脱重负。

2. 成功人士与众不同的做法

（1）制定具体的目标。

当给自己下达目标时，尽量使目标越具体越好。比如，“瘦掉三斤”就是一个比“减掉一些体重”更好的目标，因为这让你对什么是成功有个清晰的概念。准确地理解自己希望达到的目标才能不断激发自我前进。同样，想好具体的行动有助于实现你的目标。仅仅发誓说“少吃点”或“多睡些”太泛泛了，你需要更清晰更明确的方案。而像“周一到周五晚上我一定在十点之前上床睡觉”这样的行动计划，就不会让你犹豫该做什么，也不会怀疑自己是否真的那样做了。

（2）抓住机会实现目标。

在这个充满机遇和挑战的社会中，我们大多数人都会非常忙碌，而且经常要同时应付许多任务目标，所以经常与实现目标的机会失之交臂。但这并不令人感到惊讶，因为我们压根就没留意到这些机会。你今天真的没时间做运动吗？你真的连回那通电话的时间都挤不出吗？请记住，忙碌不是借口，粗心才是原因。想要实现目标就必须紧紧抓住任何机会，不让其从指缝间轻易溜走。

要抓住机会，你必须提前部署计划，确定何时何地执行什么样的方案。再次强调，计划越具体越好（例如，每逢周一、周三和周五，必须在工作前健身 30 分钟）。研究表明这种规划方式会让你的大脑时刻保持警惕，随时抓住出现的机会。而你的成功概率会大幅度地增加。

（3）准确知道自己离目标还有多远。

老老实实定期审查自己的进度是实现任何目标的必需条件，即使没有别人监督，也要做到自我监督。倘若你不知道自己的现状，你就无法相应地调整自己的行为和策略。所以，根据实际目标的需要，必须每周甚至是每天定期检查工作进展。

（4）做一个现实的乐天派。

在确立目标的同时，你大可竭尽所能地想象自己将很有把握实现这一目标。相信自己能够取得成功，对加强个人的动力大有裨益。然而，无论做什么，都别低估前进道路上的艰难险阻。大多数目标的实现都需要我们付出大量的时间和精力，仔细规划并坚持不懈。研究表明当一个人认为自己能毫不费力地完成某件事时，他就会对日后的征途准备不足，并且大大增加了失败的可能性。所以要在“战略上藐视敌人，在战术上重视敌人”，做一个现实的乐天派。

（5）专注于精益求精。

相信自己拥有实现目标的能力很重要，同样重要的是相信自己能获得实现目标所需的能力。大多数人认为个人的智力、性格、天赋是不变的，无论我们多么努力，都很难得到改善。因此，在现实中，很多人只关注那些可以证明自己能力的目标，而不是那些可以让自己获取和发展新能力的目标。

值得庆幸的是，几十年的研究表明认为能力不变的看法是完全错误的，人的各种能力都是可以塑造的。信奉自身可以变化这一事实能帮助自己做出更好的选择，充分发挥个人的潜力。那些追求“百尺竿头，更进一步”的成功人士，面临困难时仍大踏步地前进，他们注重结果也享受过程；而他们专注于精益求精的做法，也让他们在成功的道路上越走越顺。

（6）坚韧不拔。

坚韧不拔是一种全心全意投入长期目标并且面对困难坚持不懈的精神。研究显示有毅力的人，在其一生中受教育程度更高，大学平均分数也更突出。比如，在西点军校第一年的魔鬼训练中，坚持到底的往往都是些有毅力的学员。事实上，毅力的高低甚至可以预测在斯克里普斯全美国拼字比赛中某个选手能够坚持到第几轮。

值得高兴的是，此刻若你觉得自己的意志还不够坚定，你可以做一些努力来改变它。通常来说，缺少毅力的人大多会认为这是因为自己不具备成功人士所拥有的天赋造成的。如果你也是这么想的，你就大错特错了！正如之前所说的，付出努力、仔细规划、坚持不懈、做好统筹安排才是成功之道。认可这一点，不仅能使你更准确地看待自己及目标，还能奇迹般地提升你的毅力。

（7）增强意志力。

每个人的自我约束力就像身体的肌肉组织一样，不用则废，多用则强。你只有经常锻炼意志力，它才会不断增强，才更有助于你实现个人目标。

增强意志力，需要你参与一些自己并不乐意接受的挑战。比如说，不再吃零食、每天做 100 个仰卧起坐、当感觉没精打采时站直身姿、试着学习一项新技能等。而且当你退缩、想要放弃或者感到厌烦时，一定要挺住！从一件事情开始着手，为可能出现的困难制定应对措施，如“我很想吃零食，我就吃一小口应该没事吧？”此时千万不能妥协，须知万事开头难，但逐渐会变得容易，这就是要领。当你的意志力增强时，就可以接受更多的挑战，加快自我约束的训练步伐。

（8）不冒不必要的险。

不管你的意志力有多么强大，都得接受这样一个事实，个人的能力、精力是有限的，如果你超负荷工作，你会暂时性地感到筋疲力尽。如果条件允许的话，不要同时执行两件很有挑战性的任务，例如同时戒烟与节食。不要到处挑战困难，多数人过度自信自己抵制诱惑的能力，结果却是自己沉浸于诱惑的泥沼中无法自拔。在实现目标的道路上见好就收，才是成功人士的一般做法。

（9）专注于你要做的，而非你不必做的事情。

你想成功地瘦身、戒烟和改掉坏脾气吗？那么就考虑如何用一些好习惯来取代这些坏习惯吧，不要成天只盯着这些坏习惯。关于思维抑制的研究表明，你越是抑制一个念头比如“不要吃零食！”它就会在你的大脑中愈加活跃，最终导致零食的诱惑力越来越大。这一研究结果同样适用于人类的行为，人们越是努力不要养成坏习惯，这习惯反而会变得根深蒂固。

如果你想改变自己的行为方式，问问你自己，我能做点其他什么事呢？例如，你想努力控制脾气，不要再大发雷霆，你就需要制订一个计划类似于“如果我开始生气，我就深呼吸三下让自己冷静下来”。类似于这样通过深呼吸来控制住怒气的替代行为，会使你的坏习惯慢慢减弱直至完全消失。

读过此文后，在了解成功人士与众不同的性格和做法的基础上，你可以对自己以前之所以成功的原因有更深的了解。更重要的是，你可以识别出哪些是曾经阻碍你前进的障碍，从今开始应用上述知识增强自己的竞争优势。

请记住：你不需要为了成功而变成另外一个人，你是谁也并不重要，重要的是你在做什么和你做了什么。

第四章 实现生命价值

一个人的能力按其功能可分为认知能力、操作能力和社交能力，它是人们完成任何活动所不可缺少的因素，是人依靠自我的智力、知识、技能等去认识和改造世界所表现出来的心身能量。

驾驭生命的智慧无所不在，它总是在最关键的时候，把人的各种能力展现出来并将其发挥得淋漓尽致，从而给我们创造美好的生活。

工作使生命变得卓越

你选择了卓越，你就拒绝了平庸。人生就是一个追求生命卓越的过程，而生命的卓越只有通过工作才能实现。

卓越就是杰出的，高超出众的。卓越是一种出众的才能。比如蚂蚁，黑压压的一群，然而个别蚂蚁却很特别，它们比其他蚂蚁多了一对翅膀。它们的“工作”欲望和能力很强，在春天的某个时刻，它们就会远走高飞，组建新的蚂蚁社会。最早的农民起义领袖陈胜说“燕雀安知鸿鹄之志哉？”这表现出的就是一种出众才能，他看得比别人远，想得比别人深。古人讲“鲲鹏展翅九万里”，其实说的就是生命的卓越。

如何追求人生命的卓越？如何追求出众的优秀？答案只有一个，生命的卓越来源于工作。那么，在工作中如何追求生命的卓越呢？

1. 正确理解生命和工作的关系

生命和工作是什么关系？当我们谈论动物的生命的时候，我们说“羊吃草为生，狼吃羊为生”、“大鱼吃小鱼，小鱼吃虾米”，但是当我们谈论人的生命的时候，我们说“以教书为生”、“以行医为生”、“以挖煤为生”、“以卖艺为生”，这就是人的生命与动物的生命的不同。动物通过吃体现自己的生命形式，而人通过工作体现自己生命的存在。简言之：人的生命就意味着工作，工作本身就是人的生命，因此，人生命的卓越只能来源于工作。

在工作中出众的优秀，往往最直接的回报就是薪酬或者职位的升迁，这当然是社会公平正义的一方面发挥作用的结果，但是并非每每如此。有的时候，我们的工作过程很艰辛，但我们的工作成果却被剽窃了；有的时候，我们认真工作、尽职尽责，却得罪了某位上司，最后反而被降职。但是这些现象，都是极个别的，也并不能妨碍我们在工作中实现生命的卓越，一时的挫折只会让我们坚持的卓越更加耀眼。

生命本身的意义就是在于生命的过程，而生命的结果那是上天早就安排好的，那就是死亡。我们应该感谢上苍给予生命死亡的安排，因为这样的安排，让生命只能追求其过程中的辉煌卓越。

工作并不仅仅能让成年人实现卓越，一些年幼的演员，或者年老的医生，也可以通过工作来实现生命的卓越。社会的必然性决定了生命的卓越只能借助工作过程实现。

对工作的态度就是对待自己生命质量的态度。对待工作的态度，其实就是对待自己生命的态度。首先，富有创新意识的工作背后就是富有创新思想的生命，社会首先奖励的就是具有创新意义的工作。其次就是精益求精、一丝不苟的工作态度。精品是精益求精的工作的成果，社会对精品的奖赏就是对精益求精工作态度的奖赏，就是对那个具有这种工作态度的人的奖赏。最后就是学习的态度。社会发展依靠的是每一个成员的不断学习。能够取长补短、谦虚好学，才是值得尊敬褒奖的人。

2. 热爱本职就是热爱生命

个体的生命是一个过程，而个体生命的结果就是死亡，所以上苍赋予个体生命时间物质资源总是有限的。珍惜工作机会，就是珍惜自己的生命。“学习，精益求精，创新”的工作态度，需要一个基础，那就是热爱本职工作。只有长期专注一项工作，才能建立起“学习，精益求精，创新”的工作态度，也才有个人生命的辉煌。

成功的秘诀就是锲而不舍，就是专注细节，这是人类历史上很多成功者反复证明的道理，这方面的名言警句太多了，实在没有必要一一罗列。我们只想借此引申到另一个话题，工作的成功自然就是个人生命的成功，自然就是对自己生命的热爱。有很多人很珍惜自己的生命，工作起来却马马虎虎，敷衍了事，得过且过，看上去是对工作的蔑视，其实是对自己生命的蔑视。既然生命有限的时间物质资源已经投入工作，那就应该通过珍惜工作来珍惜生命，用工作的成功回报生命。围绕自己工作的目标，专注细节，就是对个人生命最基本的热爱。

3. 自主地工作才是自由的生命

很多人以为工作总是听别人指挥、为他人服务，能少干就少干，干多了就吃亏了。事实却恰恰相反，很多有成就的人，很多杰出历史人物，都有一个共同的特点，就是为完美的工作，自主自愿地做了很多工作。

自由的生命渴望自主的工作，然而人类社会是有秩序有组织的社会，工作必然来源于组织的需要，所以自主的工作自然不是随心所欲的工作，而是为了追求工作的完美，追求工作高效，自发自主地想得更远更深，让工作完成得更好。

人的生命在于运动，生命规格的提高、生命品质的升华在于人的工作。工作让我们认知社会，认知他人；工作让我们学会融入社会，融入团队。只有完美地工作才能成就卓越的生命。

突破你的限制性思维

限制性思维是生命的“紧箍咒”，其最大的恶果是捆绑创造的手脚，终至一事无成。只有想办法打破限制性思维，接受那些能使我们的生命充满活力与朝气的思想，我们的生命才有惊喜出现！

限制性思维是指思维被限制在某个固定的空间里，始终无法跳出那个框框，没有突破。这种局限性会使思维停滞不前，没有创造力，并最终将慢慢退化。多数人已经用思维和消极情绪将自己与内在的智慧、知觉隔离开来，就如同天空中的乌云将晴朗的天空掩盖。获得创造力的方式，就是运用释放限制的方法放下意识中的诸多限制性思维。

突破自己的限制性思维，每个人都可以很自然地获得创造力，创造的能量随时随地都等待你去使用，而我们需要做的就是拥有发现和使用创造力的意愿，然后将中间的思维障碍放下，接下来你就可以完全享用取之不尽、用之不竭的创造力了。

在竞争激烈、发展迅速的现代社会，困扰我们的一般有哪些限制性思维呢？而这些限制我们创造力的思想又是从哪里来的？我们又该如何来克服它呢？下面就让我们来探讨这些问题。

1. 克服“自己不够好”的自卑感

自卑感的根源在于对自我的否定，它是一种不能自助和软弱的复杂自我情感。有自卑感的人轻视自己，认为无法赶上别人，而自卑感的极端形式就是自暴自弃。

自卑感是现代人最为常见的负面意识，是一种消极的自我评价，它最容易导致一个人的忧郁。一个自卑的人往往会过低地评价自己的形象、能力和品质，总是拿自己的弱点和别人的优点比，觉得自己事事不如人，在人前自惭形秽，从而丧失自信，悲观失望，不思进取，甚至堕落沉沦。

比如有一个人，他说他想成功，但他总认为自己很笨、很傻。

于是，他就会被自卑所困扰，而这种自卑会让他产生对自己的怨恨，最后导致他所做的只是一个失败接着一个失败。

一个人在关键时刻不自信，怀疑自己，贬低自己，就容易与宝贵的机会失之交臂。因此，紧要关头，一定要努力挖掘自己身上的优点，信心百倍地迎接挑战，在搏斗中征服困难，谱写人生的辉煌。

只有认识了自己，才能愉快地接纳自己。人对自己的认识不只是一种抽象的想象，它常伴有情感，伴有自我评价，比如对自己是好感还是恶感，是满意还是不满。要肯定自己必须欣然地接受自己的一切，不能排斥自己、欺骗自己、拒绝自己，更不能怨恨自己。

时常问一下自己，我的长处是什么？我的优点有哪些？必须好好思考一下这些，才能对自己有个深刻的认识。如果你把注意力集中在自己的优点上，多做自己最擅长的事情，发挥所长，工作自然会有出色的表现，这些都能增强、支撑起你的自信心。

懂得自我欣赏的人才能充满自信，懂得自我激励的人则能突破困境。不要再被自卑感困扰了，拿出一点时间把你曾经取得的成就，甚至是老师、领导的赞许，都列于纸上，来一个自我欣赏。这时，你将发觉困扰自己的颓废感一扫而光，自己变得信心十足，办事能力也胜人一筹。

2. 走出爱的误区

爱的最佳的定义应该是真心对待某个生命体或物体，可以是人、物品、动物，使自我生命的整体感到快乐。人有爱心，同时可伴有诸如慈悲、怜悯、同情心、奉献、牺牲精神等特殊的情绪体现。爱是给自己一个生活方向："我要使自己成为一个有爱心的人。"

自爱是生命最基本的原动力，像吃饭、呼吸一样自然和重要，偏偏我们却失去自爱的本能，经常做出危害自己的事。爱是优化生命的重要法则，寻求他爱是“治标不治本”，自爱才是“标本兼治”。不爱自己，将不知道什么是爱，即使爱已站在你面前。

有的人常处于内在分裂状态，没有一个完整的自我，矛盾、多变、飘忽不定。比如有一个人，他原本就很想赢得父亲的赞同，但在他和他的父亲都想要同样的东西时，父子俩总是意见分歧，总是吵架。他只是想要父亲的肯定，可是父亲却总是批评他。没过多长时间，他的身体到处都疼，他父亲也一样。他没有认识到他的疼痛是生气导致的，而他父亲的疼痛也是生气导致的。

再比如有一个人，母亲很早就去世了，一个阿姨收养了他。那个阿姨除了命令他之外很少和他说话，他是在沉默中长大的。已经成年的他，坚信自己很糟糕，觉得与别人谈话非常困难。沉默已经变成他的一种生活方式。他在沉默中用餐，日复一日，经常独自一人待在安静的房间里，而他也喜欢就这样一个人待着。他曾经有一个不爱说话的女朋友，但是两个人的大部分时间都安静地各做各的事。后来他的女朋友在一次意外交通外事故中死了，自此之后，他再次与孤独相关，只不过他的沉默之中多了一份悲恸。

对这样的人来说，最基本的自爱都没有，很难让自己的生命优化、升华。只有从爱的本源出发，看清矛盾、误解、悲伤的本质，加强对自己的关爱。才能获得生命的原始动力。

自爱就是直面自己，自我观照，经常与自己进行沟通，了解自己需要什么、不需要什么。这对每个人来说都是很重要的，只有这样才能得到幸福。自我观照是令能量集中的练习，观照自我是自爱的体现。先跟自己建立良好关系，先相信自己，相信自己内在有个神圣的空间，相信自己有能力自我改善，感激身体对自己不离不弃，默默为你付出，从而散发内在的慈悲。

假如你陷入人生困局，那么你要知道，执着伤痛只会使自己更加消沉，只有自爱才会勇敢地向前走。真心想改善自己的话，首先要狠心离开伤害自己的一切源头，包括自己的心态。抓紧活在当下的幸福，转化负面能量为生存动力，这才是自爱和懂得爱的表现。

最有效的自爱活动全都是免费的，别给自己找逃避的借口。从最基本入手，让自己爱上自己，会心微笑，让心回归你，坚守你生命的神圣空间和宝藏，你将感到心灵的富足，无所畏惧，心自然能安定下来。心一安定，思绪就活跃，就能从多个角度思考，就能突破了原有框框，产生创造性思维。

做出创新决策的技巧

在生活中，我们的每一件事情几乎都是做出决策或不做决策的结果。因此。决策技巧是最重要的思维技巧，它也是一种最高级的艺术。

当今世界一个非常严峻的现实是：如果你停步不前，你就会失去自己的立足之地。这一点对每个人都是一样的道理，换句话说，仅仅维持现状是远远不够的，必须要创新。

好的决策意味着从现有的事实中做出最好的选择。但你不可能掌握所有的事实，而且现有的事实也并不都是有用的，避免出现决策失误的办法，是将备选方案与决策的标准结合起来，这样，你就可以把注意力集中在关键信息上面。这个过程，需要分成六个步骤来完成，而这之中最重要的是利用好创新思维技巧，因为好的决策基于创新。

1. 确定创新目标，明确创新机会

生活中，在你准备做任何事情之前，小到煎一个鸡蛋，大到经营一个大公司，你都必须明白你要实现的目标。因此，在制订计划时，你首先应该用一两句话描述清楚事情的目标，要确保它包含你所希望实现的结果。这样，你就会对你想实现的东西有一个清晰的概念，帮助你在制订计划的过程中不至于偏离方向。

在水手当中有一个古老的说法："高级的船长是那些善于使用他丰富的知识，从而没有必要使用他的高超技巧的船长。"这句话是说，如果你能够真正做到全面把握局势，明确目标，你就能够避免陷入困境。

这里有描述创新目标时需要注意的几个要点：

（1）在描述创新目标时通常是从一个关键的短语开头的，比如："怎样才能最好地……"。

（2）要以积极的口气或词语来描述创新目标，如果以消极的口气或词语开头，那么就会限制你的思维能力，让你不能发挥自己的想象力，想出具有创新性的主意。

（3）尽量地做到思维开放，然后再进行集中。

接着，对你提出的创新目标进行研究，是否太局限？是否太泛泛？

能否将它描述得更简单一些？能否将最终的结果具体化？一旦你明确了自己的目标，你就可以进入第二步了。

2. 预期理想结果，掌握限制条件

在你出主意想办法之前，你还必须知道你所希望的或是最理想的结果是什么，以及可能遇到的限制因素有哪些。明确这些以后，你才能明确方向和重点。

这里是建立创新标准的一些注意事项：

（1）应该明确“我们到底应该做什么”。

（2）以积极的方式来描述创新标准。

（3）你描述的只是目标而不是实现目标的方法。

（4）每一个创新标准只能用于一个创新目标，必须避免复合标准。

（5）创新标准的数量不能太多，否则会由于限制条件太多而无法执行。

3. 运用头脑风暴，遵循基本原则

在实际工作中，有绝大多数的创新任务可以使用头脑风暴法。头脑风暴法有它的基本原则：

（1）暂不作出判断。如果你要求别人在提出自己想到的主意之前必须先对这些主意进行评价，那么得到的主意就很少。同样，如果有人在别人提意见的过程中就立即进行评价，那么他就会打断别人的思路。所以，你应该先提出各种主意而不考虑其价值、可行性及重要性，然后再对它们进行评价。

（2）思路要尽可能地自由。一个新颖的、异想天开的主意虽然不能够直接构成创新方案，但是它有助于你和你的小组获得一个全新的概念，帮助你打破常规，让你不被局限在那些表面看起来最有可能的解决途径中。这是一条最难遵循的原则，因为它要求每个人无论如何必须做到不急于作出判断，还要想出尽可能多的主意。努力追求数量有助于产生好的、高质量的主意，你想出的主意越多，你就越有可能从这些粗泛的想法中找到你真正想要的东西。

（3）建立和完善所提出的思想。当你或你的小组倾听别人的想法时，你会发现自己的思路拓展了，从而更容易想出新的主意，也有助于完善已经提出的主意。这样你就可以避免在仅仅一味地追求全新主意的过程中产生思维僵化。

4. 积极集思广益，提炼解决方案

一个重要的创新很少是来自于单独一个人的构思，相反，大部分的创新是将许多人提出的具有可行性的好主意结合起来，然后在此基础上提炼成最后的解决方案。

具体的办法是什么呢？首先，对大家想出的主意筛选一遍，挑选出其中最好的、最有趣的、或最新颖的主意。而将那些不切实际的主意先放在一边，但并不是说这些主意没有用处，它们也可以使你放开眼界。

这时你仍然不能对新的想法太苛刻，要知道你仍然需要尽可能多的主意，这里你只是想将其适当地做一些收缩。如在这一步你太挑剔，会限制自己的思维和创造性。但是，一旦你对这些主意进行缩减之后，你就需要按照主题对留下来的主意进行分类。通常来说，你可以找到几个清楚而明显的主题，在每个主题之下，将与其相关的主意列出来。在你将这些主意按主题分类之后，你就可以将它们进行组合，从而形成可行性高的解决办法。

注意：你也可以将那些不属于任何现有主题的主意放在一个叫做“其他”的主题之下。同时，你还可以将同一个主意放在不同的几个主题之下。

5. 做好风险评估，优化最终方案

为了把现有的解决方案结合起来形成一个更好的办法，评价的过程往往需要更大的创造性。

怎样来判断潜在的解决方案是否能解决问题呢？首先，它必须具有可行性；其次，它必须以某种较为恰当的方式进行；再次，它不能产生人们无法接受的风险。

在进行可行性评价时，你应该将这些解决方案与前面建立的创新标准进行比较。就像在进行决策时那样，你需要将这些标准划分为两类：要求必须绝对实现的限制性条件和希望实现的但并不是必须满足的标准。你必须将每个解决方案与每个限制性条件进行比较，看它是否能够满足每个限制条件。如果不能满足，你只有两种选择，要么改进解决方案使它符合限制条件的要求，要么将它作为可行性的解决方案而排除掉。

接下来，你需要对每个解决方案的可能效果进行评价。其评价的方法是将每个方案与希望标准进行比较，然后讨论每个方案满足每条希望标准的情况。在此基础上，对某些解决方案进行改进，以改善其可能的执行效果。

通过风险估计，你可以明确每个解决方案可能带来的问题，弄清其潜在风险出现的可能性及其影响。另外，通过风险评估，你还可以确定哪些方案需要进行改进和完善。当然，每个创新都是要冒风险的，因此你不可能面面俱到，不可能排除所有的风险。而且，将那些可能性和严重性较大的风险挑出来重点研究，还能帮助你优化最终的方案，使其成功率更高、效果更好。

6. 进行全面比较，完成最后选择

在将每个方案与创新标准进行了比较以后，最佳方案就非常清楚地显现出来了。总的说来，这是一个相对简便易行的选择。

通过以上 6 个步骤，你可以把决策做得尽善尽美。但是，制订方案和采用方案以及实施方案之间还会有许多工作须要你进一步来完成。切记，不能松懈。

训练生命中的记忆力

“股神”巴菲特曾经说：“记忆力好，不一定会让你成功；但记忆力不好，一定会让你糊涂，一定让你失败，而且失败得很难看！”开发生命中记忆力潜能，对我们的人生具有非凡意义。

说到人类的记忆就不能不提到人类的大脑。大脑就像机器，越用越灵活、不用就生锈。英国大脑基金会总裁，世界著名心理学家、教育学家，因创立了“思维导图”而被称为“大脑先生”东尼·博赞说，“人脑好像一个沉睡的巨人，而我们只用了不到 1%的脑力。一个正常的大脑记忆容量有大约 6 亿本书的知识总量，相当于一部大型电脑存储量的120万倍。”“如果人类发挥出其一小半潜能，就可以轻易学会40种语言，记忆整套百科全书，获得12个博士学位。”可见，人类对其大脑的开发还远远不够，同样我们对记忆的开发也远不够。因此我们有理由相信，只要经过科学的训练，人的记忆会越来越好。

在我们生命中，记忆力占有极为重要的位置，记忆力的培养，实际上是对生命潜能的开发。我们来看看我国第一位著名桥梁专家茅以升是怎么训练记忆力的。

茅以升从小酷爱读书，善于读书，许多人惊羡他神奇的记忆力，殊不知这是靠他勤奋的背诵锻炼出来的。

为了锻炼记忆力。茅以升每天早上就站在河边背诵古诗、古文。河面上，风帆往来，渔歌阵阵，他能视而不见，听而不闻，完全沉浸在自己所需要的知识海洋里。天长日久，他不仅背熟了许多古诗、古文，而且有效地增强了记忆力。一天，他爷爷用毛笔抄写古文，茅以升站在一旁默记。等爷爷搁下毛笔，他竟然把一篇《京都赋》一字不漏地背了出来。

茅以升不仅背诵古诗、古文，而且还不畏枯燥，背诵那些抽象的数字。一次，他看到有篇文章把圆周率的近似值写到小数点后面100位，就决定背诵这些枯燥的数字来锻炼记忆力。于是，他一节一节地来记这一长串数：14、15、92、65、35、89、79、32、38、46、26、43、38……尽管很难记，但从小数点后十几位，到几十位，直到100位，他硬是熟练地背了下来。在他八十高寿时，他还能奇迹般地背诵少年时代记下的这100位数字。

茅以升这种把读书和思考结合起来，在理解的基础上用背诵的方法来锻炼记忆力的做法，对我们是很有启发的。我们常说的“理解记忆”，就是在理解的基础上才能记牢。下面这些训练记忆力的方法可供大家参考。

1. 有意记忆法

心理学研究表明，有意记忆的效果明显优于无意记忆效果。心理学家做过这样一个实验：一开始，要求老师给一班和二班两个班的同学布置默写课文的作业，告诉学生第二天测验，第二天的测验结果是两个班成绩差不多。第二次布置作业，只告诉一班同学两星期后还要测验一次，二班同学则不告诉。两个星期后的测验结果，一班同学的成绩比二班同学要好得多（一班同学在测验前也没有复习）。这说明，并不是一班同学比二班同学更聪明，记忆更好，而是由于老师对一班同学提出记忆目标，结果一班同学的记忆效果就好。

这个实验告诉我们，在记忆知识材料时，给自己明确提出记忆的目标，这样才能有好的记忆效果。

2. 理解记忆法

死记硬背就是理解记忆的反义词。记牢，需要在积极思考、达到深刻理解的基础上才能做到。记忆特殊的概念，需要首先理解其基本含义，站在对方的角度上想想，借助已有的知识经验，通过思维进行分析综合，把握材料各部分的特点和内在的逻辑联系，使之纳入已有的知识结构。

理解记忆的效果优于机械记忆。德国著名心理学家艾宾浩斯在做记忆的实验中发现：为了记住36个无意义章节，需重复54次；而记忆六首诗中的480个音节，平均只需要重复8次！

这个实验告诉我们，凡是理解了的知识，就能记得迅速、全面而牢固。死记硬背费力不讨好。

3. 多通道记忆法

早在两千多年前，我国古代人就已经认识到读书学习要用眼看，用耳听，用口念，用手写，用脑子想，这样才能增强记忆效果。宋代学者朱熹说："读书要三到，谓心到、眼到、口到。心不在此，则眼不看仔细，心眼既不专一，却只漫浪诵读，决不能记，记亦不能久也"。

现代科学研究表明，人从视觉获得的知识，能够记住25%，从听觉获得的知识能够记住15%，但若把视觉与听觉结合起来，却能够记住65%。在记英语单词或者新学的词语和公式，都可以采取边写边读边想的多通道记忆方法。可见，学习和记忆如果不能动员五官协作活动，那就会学得很吃力，记住了也记不牢。

在日常生活中，要记住一段比较长的话语，最好是边听边记，有人说"好记性不如烂笔头"，其强调的就是"眼过千遍，不如手写一遍"，说明动笔对于记忆的重要作用。

4. 选对合适的时间

实验证明，早晨6点到8点和晚上6点到10点是记忆的最佳时候。利用上述时间记忆学习材料，效果较好。睡觉的时候，大脑将最近摄入的信息安排得更加紧密，每天晚上充足的睡眠对于大脑和身体的运作非常重要。在白天打打盹，尤其在学习到新的内容后，也可以帮助你记住这些内容，并让你的大脑更加敏捷和锐利。

5. 及时复习

遗忘的速度是先快后慢。对刚学过的知识，趁热打铁，及时温习巩固，是强化记忆、防止遗忘的有效手段。孔子说“学而时习之”就是这个道理。

为了加强记忆，很多人将学到的东西可视化。这个方法也很好，如果你注意书中的图表和插图，就算文字内容没记住，你也记住了一些画面，从而能联想起相关的内容。在做笔记的时候，自己也可以画画图，用一些颜色和高亮来分类和记住一些想法。

6. 加强锻炼

运动不仅仅能锻炼身体，还可以锻炼大脑，因为肥胖和疾病都能损伤大脑。而且，长期没有正常的锻炼，血斑就有可能阻塞动脉和血管，导致其供血性能降低。血斑还会导致心脏病，减少大脑的养分和氧气供应。当缺乏养分的时候，大脑就不能正常工作了。为了避免这些，就必须每天坚持运动锻炼，仅仅是走走，也会有好处。此外，快跑、游泳和跳舞都是非常好的运动练习。

7. 注意饮食营养

人的健康离不开营养，同样，人的记忆力也可以通过补充一些营养来加强。比如，芹菜、核桃、芝麻、瘦肉、鱼类等富含锌、不饱和脂肪酸的食物，就有助于大脑记忆力的增强。

8. 树立信心

树立起对自己记忆能力的信心，坚信自己“一定能记住”，强烈的愿望和刺激可以促进自己的记忆。压抑是一种抑制大脑正常运转的情绪，导致注意力不能集中，影响人记忆的效率，而且通常被误解为记忆力出现问题。所以，要及时消除压抑情绪，树立信心，积极主动地学习、工作，记忆的效率就会提高。

人的记忆能力就像一个静静躺在地底深处的未开发的宝藏，里面有太多的未知、太多的潜力没有得到探索、激发和开采。从现在起开发自己的大脑和潜能吧！只要我们找对记忆的方法，个个都是记忆达人。

想象力创造生命奇迹

拿破仑·希尔对想象力的定义是这样的：“想象力是灵魂的创造力，是每个人自己的财富，是你在这个世界上唯一能够自己绝对控制的东西。”我们说，想象力具有无限的开拓力量，使人走上永恒的道路。

科学控制论认为，人的想象是人的心理和大脑自然而正常的功能。控制论把人的大脑、神经系统和肌肉组织看做一套高度复杂的“伺服机制”，通过这套机制指导自己通向既定的目标，并在必要时自动纠正指向的方向。生命中这套自动化的“创造性机制”只有一种运行方法，即它必须有一个既定的目标。心理学家指出，当你在内心里“看到”一个事物时，你的内在“创造性机制”就会自动把任务承担起来并完成这项工作。因此，在做一件事情时，应当放松神经，然后让你的创造性机制来承担任务，使你运用积极心态向目标前进。

由此可见，想象是一种神奇的思想，它领先于行动并对行动起着巨大的促动作用，成功的想象力会形成伟大的理想而催人奋进。想象是一种可塑的材料，我们可以使用它来构筑人生的成功大厦。想象可以在你心中构建起美好的愿景，树立起一个让自己为之奋斗的理想。而当你心中有了这样的一个理想时，你还可以利用想象找到实现理想的最佳途径和方法。

用想象力创意，是一种取之不尽、用之不竭的心灵能量。成功的人大多是有着丰富想象力的人，他们的创富故事，可以帮助我们铺就自己的创富之路。

2009年7月22日星期三，在亚洲和太平洋地区发生了一次日全食。日全食带先后穿过西藏东南部、云南西北部、四川、重庆、湖北、湖南北部、安徽、江西北部、江苏南部和浙江北部，全食带中心线在上海、宁波之间的杭州湾入海。这次日全食的最佳观测点在太平洋上，全食最长持续时间为

6分39秒,食甚时太阳的地平高度可达86度,食分为1.0799,此处全食带的宽度为258.4公里。

在这次日食前的那段时间,只要搭上天文现象“日全食”这根线,商家似乎只要坐着数钱就可以了,而家住杭州的27岁姑娘朱炎更是“忙得连数钱的时间都没有”。

在日全食发生之前的5月,朱炎店里的日全食观测用具开始卖得俏起来了,但朱炎心里很清楚,卖十几元钱一副的护目镜,销量跑得再大,销售额也难以有什么突破。于是她想到了混搭销售,开始主推价格数百元的天文望远镜,然后建议客户配上两块观测日全食的小镜片。当然,这些小镜片可免费赠送。

正是这个小小的创意,让朱炎的小店在淘宝网上三百多家同行中脱颖而出。半个月的时间,她就进账50万元。

想象力是充满朝气与活力的心灵能量,可以帮助我们把命运紧紧地掌握在自己的手中,我们可以有意识地为自己想象出我们所渴望得到的阅历。只要我们有意识地想象实现某种境遇,这种境遇最终就会在我们的生活中发生。

一个人想象力丰富,应该说是生活环境影响和个人意识培养的结果。有人抱怨自己天生就不是有丰富想象力的人,其实每一个人天生都具有一定的想象力,但要使之丰富,就需随时注意培养。

1. 要学会摹仿

想象力的培养,摹仿往往是第一步。正如我们先一笔一画地临摹一本钢笔字帖，天长日久就可以写出同样漂亮的钢笔字来。其实，摹仿本身就是一种“再造想象”，你摹仿得越像，越说明你的再造想象能力越强。摹仿的过程就是你抓住事物之间的外部和内部特点的联系的过程。通过把握这种联系，你就能逐渐认识事物之间的某些必然的联系特征。掌握了这种方法，你就会自觉地把一种事物和与之有联系特征的另一种事物加以对比，这就是你在想象了。所以，摹仿绝不同于抄袭，而是把过去经历的东西通过自己的头脑再现出来，这种再现过程就是想象。古今中外，许多有成就的人物在开始时都是从摹仿而得到收益的，然后再在前人的基础上加以创新，走出自己的路来。这就是从摹仿到创新的想象力发展的结果。

2. 尽可能地博览群书

纵观科学发展史，任何一位科学家的成就，都与他们勤奋学习有关。马克思为完成《资本论》这部巨作，花了 40 年的时间，他不但阅读了大卫·李嘉图、亚当·斯密等几乎所有古典经济家的著作，还翻阅了大量的资料。伟大的发明家爱迪生，从小勤奋好学，11 岁时就阅读了科学百科全书，以后又大量阅读了牛顿、法拉第等人的许多著作，积累了丰富的科学知识，为以后的科学发明打下了坚实的基础。

一个人所掌握的知识，有助于他的想象力的展开。随着现代科学的发展，社会各部门的分工越来越细致，社会各知识领域广泛紧密的联系和交流，为人类的想象力提供了前所未有的广阔天地。例如现代经济学家丁柏根，正是将高深的数学和物理学同经济学加以联系，才创立了计量经济学这门边缘学科。

3. 注意提高自己的文学艺术修养

诗人和画家常被认为是最富有想象力的人。不错，正是他们通过丰富的想象力，才为我们描绘了一幅幅形象生动的生活场景。所以，文学艺术的学习对丰富想象力是非常有益的。几乎所有的心理学家都强调文学艺术修养对培养提高想象力的重要价值。苏联心理学家捷普洛夫说："阅读文艺作品——这是想象的最好学校，这是培养想象的最有力的手段。"我们知道，文学艺术是人类社会实际生活的最形象生动的再现，它大量使用的形象思维，比起抽象的逻辑公式，显得更生动、更具体。加上它所具有的浓郁的感情色彩和感染力，所以更容易被接受。但必须注意，那种走马观花式的涉猎作品和只追求一个"知道"或"看热闹"式的阅读方法，并不能丰富你的想象力。我们提倡积极的想象，要在头脑里"看见"和"听见"作品描述的一切，这种"身临其境"就是头脑的一种"再造想象"，这是"创造想象"不可缺少的基本能力。

4. 要勤于观察、善于观察

一个人的观察能力的强弱直接影响到他的想象力。所谓观察能力指捕捉事物和现象的属性和特征的能力。我们想象某事物时，就是捕捉该事物和头脑中经历的事物发生联系的外部或内部的属性和特征，而观察是第一步，即首先认识某事物有什么样的特征和属性，第二步才是想象，即把事物之间的属性和特征加以比较和联系。俄国著名生理学家巴甫洛夫就曾在他实验室的墙壁上题道："观察，观察，再观察。"巴甫洛夫本人为了研究动物的生理活动，经过三十多年细致的观察，才提出了条件反射概念和高级神经活动学说，从而荣获诺贝尔奖。

在实践中观察，在观察中求得科学新知，这就是每个科学家走过的路。正如一句名言所说："我们这些具有创造精神的科学家们应当实验、实验、永远实验下去。"科学家们就是这样在不断的观察探索中造就丰富的科学想象力，为了观察，他们甚至不惜一切。居里夫人为了观察镭，根本不顾放射元素对身体的危害；爱迪生为了实验几乎变成残废。可见,人类丰富的创造想象是靠不断的观察、积累，靠那种对事物执着的探究精神才培养起来的。

那么，如何提高观察能力呢？在观察中应采取什么样的态度和方法呢？一是为自己提出任务，迅速地看出观察对象的特性并比较不同方面的联系和相互作用；二是努力发现观察对象的最微小的变化；三是学会从所感知的事物中区分出最重要的因素；四是观察要有积极性、系统性和计划性。

5. 注意培养多方面的爱好

广泛的爱好和多方面的兴趣可以使人思路开阔，想象也就有了广阔的天地。世界是复杂多样且彼此相关的，人们有了多方面的爱好，各种知识便可以互相补充，互相启发，取长补短。我们在生活中常会遇到这样的情况：当你思考一个问题，从一方面百思不得其解，换一个角度、换一种思路，也许马上会豁然开朗。

6. 对事业保持饱满的热情

热情是进行想象活动的直接动力。捷普洛夫说："一个人的想象活动与其情绪生活是紧密地联系着的……创造想象的重大创造，永远产生于丰富的感情之中。”在实践生活中，人们往往在情绪激动时闪烁出智慧的火花。青年人比老年人更富于想象力的原因，正是在于青年旺盛的精力、似火的热情和容易冲动的性格。

据说，人在情绪低落时的想象能力只有平常的二分之一甚至更少，这时人们在主观上根本就不愿去多想。对于这点，文学艺术家们都有切身体会。诗人只有在心潮汹涌感情激烈时才最容易驰骋他的想象，写出感人肺腑的诗篇。作家在总结合作体会时常常说：不是我的作品感动了读者，而是作品的情景首先感动了我自己。所以丰富的创造想象是和饱满的情绪分不开的。

总之，只要我们用科学的正确的方法来培养自己的想象力，将给我们带来神奇的创造力，而创造力正是成功的奥秘之一。

洞察力是成功的捷径

洞察力是一种卓越的能力，它能帮人更全面、透彻地展望未来，把握机遇，令人走上成功的捷径。

什么是洞察力？洞察力并不是什么神奇的力量，也不是天才独有的能力，而是每个人都有的能力。洞察力，是我们平时所说的创新能力、创意能力、创造能力、想象能力、策略能力的心理基础。

洞察力在哪里？每个人都有两套“认知、行为”系统，一套可以称为“反应”系统，还有一套，可以称为“洞察”系统。在“反应”系统中，人对事物的认知，主要来自于以往的“经验”，超出我们“经验”的东西，我们都会无法“反应”，我们要么抵触、要么惊慌失措。从某种角度来看，在“反应”系统中，看到的世界就是我们头脑中“经验”的世界，而非全部真实的世界。

而在“洞察”系统中，人对事物的认知，可以摆脱已有经验的束缚，直接发现事物内在的本质，并用这种发现去指导人的行为。所以从某种角度来看，在“洞察”系统中，看到的世界是本质的世界、是真实的世界。

一个人进入洞察模式，就能完全改变自己，甚至是这个人的性格、秉性。从某种意义来说，进入洞察系统等于重启一个你：它能让我们规避艰险，在艰难困苦成为阻挡我们前进的障碍之前，洞察力使我们已经超越它们；能使我们明察秋毫，妥善规划，把我们的想法和注意力引向成功的方向，使我们永不坠入失败的歧途。

现代社会的市场竞争、职场竞争越来越激烈，无论追求事业成功，还是做好现岗工作，都应把增强洞察力放在重要的位置。

洞察力好的人，能迅速抓住问题关键并找到解题出路。有了敏锐的洞察力，才能够在日常生活中观凡见奇、发现机遇，不让机遇悄悄溜走。

在1999年新中国国庆五十周年阅兵式上，作为“海外百名博士团”的一员，李彦宏站在了天安门观礼台上。看着眼前气势雄伟的阅兵场面、中国发生的巨变和呈现的种种发展机遇，他深深地被打动了。随后，李彦宏决定放弃美国待遇优厚的工作回国创业。用了十年的时间，李彦宏使百度从一个名不见经传的小公司发展成为一个拥有7000名员工、市值128亿美元的互联网巨头。2008年营业收入4.6亿美元，净利润1.5亿美元。

百度的成功，证明了李彦宏的洞察力："信息的重要性可以通过被引用的数量进行排序，在网络中则可通过所获得的链接数量来判断。"百度提供的搜索引擎，成为互联网上获取信息的首要工具，为中国通往信息世界打开了大门。月搜索量已达到80亿次，月独立用户访问量已达1.45亿，百度成为最热门网站之一。中国网民数量已达3.38亿，超过美国人口总数，中国无疑将成为世界上最大的互联网市场。

熟悉百度搜索引擎功能的网民，喜欢借助这一工具很快找到搜索目标。但是，当初李彦宏从信息排序数量和链接数量，看到和选定个人事业的奋斗目标，并为之去付诸行动，是很不简单的抉择。这不仅需要技术业务知识和实践经验，更重要的是要有过人的洞察力。

洞察力能给我们提供解决问题的办法。失败的萌芽，孕育着成功的因素。只要我们善于总结失败的原因，消除错误的因素，成功就是必然的。只要我们选定了自己的事业，就要不怕失败，勇敢地走下去，无论遇到什么困难，能想到的办法绝对要比问题多。

要用好我们的洞察力，就要密切注意各种各样有利于我们发展的机遇，找出能充分发挥我们自身的潜力的事业，做好做大做强。

威尔曼说过："我们心中的思想同外在世界息息相关，这是最真实不过的事情，这是绝无例外的法则。正是这一法则，正是这种观念与其客体之间的关联，使人们相信特殊天意的存在，从远古直到今日。”宇宙给了我们洞察力，也就给了我们避免失败的智慧，这就是我们成功的光明大道。

创造力是成功的基石

上天赋予人类最伟大的禀赋之一就是善于创造。人人都拥有一种伟大而令人惊叹的力量，这种力量，一旦运用得当，你的人生就会从此与众不同，这就是创造的力量。

创造力是指产生新思想，发现和创造新事物的能力。它是成功地完成某种创造性活动所必需的心理品质。例如创造新概念，新理论，更新技术，发明新设备，新方法，创作新作品都是创造力的表现。创造力是一系列连续的复杂的高水平的心理活动。它要求人的全部体力和智力高度集中，以创造性思维为指引进行协作。

创造力,是人类特有的一种综合性本领。一个人是否具有创造力，是一流人才和普通人才的分水岭。它是知识、智力、能力及优良的个性品质等复杂因素综合优化构成的。

创造力对人生影响巨大，它直接关系到你的成败。仅有才智和努力是不够的，还要有良好的品位与正确的判断力。为人处世要达到完美，没有洞察力和创造力是不行的。

人生充满了创造，我们可以创造乐观，也可以创造悲观；我们可以创造进取,也可以创造退却；我们可以创造勤奋,也可以创造闲散；我们可以创造伟大，也可以创造渺小……创造的正确与否直接决定着我们的成败。鲁迅先生本是学医的，在认识到拯救人类灵魂胜于拯救肉体时，决定弃医从文，拿起笔杆子同敌人作殊死斗争。这种创造，使他成为中国现代史上一位伟大的思想家和革命家。

创造需要明确的决断，而这种决断直接决定了事情的不同结果，下面这个秀才赶考的故事说明，不同的创造态度会决定不同的结果。

有位秀才第三次进京赶考。考试前两天他做了三个梦，第一个梦是梦到自己在墙上种白菜；第二个梦是下雨天，他戴了斗笠还打伞；第三个梦是梦到跟心爱的女人脱了衣服躺在一起，但是背靠着背。

这三个梦似乎有些深意，秀才第二天就赶紧去找算命的解梦。算命的一听，连拍大腿说：“哎呀，你还是回家吧。你想想，高墙上种菜不是白费劲吗？戴斗笠打雨伞不是多此一举吗？跟一个女人躺在一张床上了，却背靠背，不是没戏吗？”秀才一听，觉得很有道理，于是心灰意懒，收起包袱准备回家。

店老板非常奇怪，问道：“不是明天才考试吗，今天你怎么就回乡了？”秀才将算命先生的解梦结果如实说了一番。店老板乐了：“哟，我也会解梦的。我倒觉得，你这次一定要留下来。你想想，墙上种菜不是‘高种（中）’吗？戴斗笠打伞不是说明你这次有备无患吗？跟你女朋友背靠背躺在床上，不是说明你翻身的时候就要到了吗？”秀才一听，觉得店老板的解释比算命先生更有道理，于是信心百倍，精神振奋地参加考试，结果居然中了个探花。

故事的主人公是秀才，但故事的闪光点却是店老板那“创造性”的解梦。我们不难看出，创造力在这个小故事中发挥了巨大的作用。同样的问题在充满创造力的人看来，却有着“创造性”的答案，那是积极、乐观、伟大的综合体，可以给人指引成功的方向、坚定成功的信念。

当然，创造也不是一件容易的事，我们常常会遇到需要抉择的人生岔口。因此必须有明智的创造力才会取得满意的结果。面对下面的考题，你又会如何作创造性地回答呢？

这是一家公司的一个应聘测试题，在两百多个应征者中，只有一个人通过了测试而被公司所雇用。测试题是这样的：

在一个风雨交加的晚上，李明开着车经过一片漆黑的森林。这时候正好有三个人在森林中狭窄的马路上艰难地向前行走。一位是快要死的老人，十分可怜，如果得不到及时的救治，他可能会挺不过去了；一位是医生，曾救过李明的命，他是大恩人，李明一直想报答他；还有一位漂亮的女人，李明做梦都想娶她，也许错过这次载她，那以后就再也没有机会了。三个人都急切地希望有一辆汽车过来尽快将他们带离这片漆黑的森林，但李明的车除了他自己外只能再坐下一个人。

测试的问题是这样的：如果你是李明，你将怎样做？并解释一下原因。

这道题实际上基本上没有什么标准的答案，因为任何一个答案都有其充分的理由。然而，有一位聪明的小伙子，他的答案让人称奇，他只是简单地说了一句话，甚至不需要进一步解释，就被这家公司毫不犹豫地录取了。

他的答案是这样的："给医生车钥匙，让他开着车带那位老人去医院，而我则留下来陪我的梦中情人！"

这是多么富有创造力的答案，明智、和谐、浪漫的完美结合。只有依靠不凡的创造力才能让思维跳脱出考题的范畴，看清事情的本质，找到更有效、合理的解决方法。

生命无时无刻能离开创造力，依靠创造力，才能让生命实现升华。创造力帮助人类挣脱一个又一个束缚，推动社会向前发展。我们每一个人都要充满创造力，用积极主动、乐观向上的心态迎接生命中的挑战，向着成功坚定地走下去。

行动力给你达标动力

赫胥黎说过："人生伟业的建立，不在能知，乃在能行。"人生最消磨意志、摧毁创造力的事情，莫过于拥有梦想而不开始行动。

行动力，是指及时执行策划战略意图的能力。具备超强的自制力，同时能够摆脱困扰，实现自己想做而不敢去做的，或者是自己认为自己能力不足的事，制订计划就下定决心一定要去实现，这就是行动力的最佳体现。对个人而言，行动力就是自制力。

每个人都有遇到挫折的时候，但千万不要因为一时受挫，而对自己的能力产生怀疑，进而形成一种压力，这也是抑制行动力的最大因素。

当你遇到挫折的时候，应该保持头脑清晰、面对现实、勇敢面对、不要逃避。冷静地分析整个事件的过程，分析一下是自己本身存在的问题，还是由于外来因素而引起的，还是两者皆有呢？假如是自身因素，那么自己就应该好好反省一下，为什么会犯这样的错误呢？以后应该怎样做，才能避免同类事件的发生呢？事情已经发生了，不要急于去追究责任或是责怪自己，而应该想想事情是否还有挽回的余地呢？要是有，应该怎样做才能把损失或伤痛减到最低呢？应该怎样做自己才会感觉舒服一点呢？

当你遇到困难的时候，请记住一句话："没有永远的困难，也没有解决不了的困难，只是解决时间的长短而已。"困难与人生相比，它只不过是一种颜料，一种为人生增添色彩的颜料而已。当你遇到困难的时候，不要逃避问题或是借酒消愁，有道是"借酒消愁，愁更愁啊！"只要你对自己有信心，那么什么困难都难不倒你的。

生命需要不停地行动，只有在行动中展现自己的智慧和力量，享受创业的热烈和奋发，这才是有意义的人生。

1. 要有行动起来的信念

行动能使自身的生命力变得越来越强大，越来越坚忍。想要提升自己的人格、发展自己的个性，最重要的是立即采取行动，去做你想做的事情。

人人都向往着成功，关于成功学的书籍更是汗牛充栋。成功是很难的，但是成功有一条最重要的秘籍就是立即采取行动。只有行动，才会成功。

人生就是不断地行动，反省，再行动的过程，行动是改变人生的最有力武器。无论你有多好的设想，多好的规划，没有付诸行动，一切都是空洞的。只有行动，才会有结果。

不同的行动会产生不同的效果，不同的效果会引起我们再采取不同的行动，这样就引导着我们走向特定的方向，形成了我们的人生轨迹。这就是有的人能从芸芸众生中脱颖而出的原因，因为他们有着超凡的行动力。

其实任何的行动，都是在执行的过程中不断地改良、发展、提高的。任何事情都是一步一步地做出来的，关键是你要去做，要在做中发展提高，每天进步一点点，伟大的事业都是这样做出来的。

立即行动，不能放弃。只要你下定行动的决心，所有困难都会向你屈服，整个世界都会给你让路。因为所有解决问题的办法都会在你的行动中产生。

2. 确定正确的目标

正确的目标是我们行动的动力之源，我们有了清楚的目标才不会走冤枉路。人人都是这样，有了追求的目标，才会有源源不尽的动力，才能激发自身的潜能去果断地行动。瞄准目标，勇往直前，这就是成功的秘密。

盲目的行动不一定能取得成功，只有朝向目标不断进取才能取得成就。成功的尺度不是做了多少的工作，而在于做出了多少的成果。

3. 制订实现目标的计划

人生的关键就是制订出可以立即行动的计划，并即刻付诸实施，在行动中检验、改进、提高，行得通的计划就坚持做好、做大、做强。行不通的就修改、淘汰。再想新办法，再采取新行动，这样不停地向着目标前进，就能达到成功的境地。

不要只是闭门造车，空想成功。计划不如变化快，人生最重要的就是要订立现在可行的计划，订好就马上去做，并在行动中检验和完善计划，只有不断地纠正前进的方向才会与目标越来越近。

4. 做到持之以恒，善始善终。

持之以恒，善始善终是我们在遇到困难时仍然要继续努力的信念，这也是一种能够经历任何艰难困苦的能力。当然，持之以恒并不是永远守着一件事不放，而是要全力以赴地做好眼前的事。永不放弃的是远大的目标，做事的方法却要灵活机动地适时而变。持之以恒的是英勇不屈的精神，对待事情的态度却要机智豁达。

千里之行，始于足下。比梦想和长远规划更重要的是行动，是开始。人生就像攀登高山，没有开始，就永远不能登上顶峰。

执行力让你做得最好

战略可以复制，关键在于执行。要想做得最好，必须有正确的执行力。执行力不仅要有一种良好的工作态度，更要有很强的效率意识和切实的方式方法，只有这样，才能把事情做得最好。

相对于团队执行力而言，个人执行力是指一个人获取结果的行动能力，是指每一单个的人把上级的命令和想法变成行动，把行动变成结果，在保质保量的前掉下完成任务的能力。

我们一般从以下九个方面来考查一个人的执行力：一是自动自发；二是注重细节；三是为人诚信，敢于负责；四是善于分析判断，应变力强；五是乐于学习，追求新知，具有创意；六是对工作投入；七是有韧性；八是有团队精神，人际关系良好；九是求胜的欲望强烈。在这九点里面，最重要的是自动自发，注重细节，应变力强和为人诚信，这是把事情做好的基本保证。

有执行力的人认为，要做就要做到最好。在他们看来，如果你不打算做一件事，那就别开始；如果你开始做了，就要竭尽全力做到最好。事实上，不管是对大事还是对小事，争取做得最好，也应该成为每个人的习惯，它将带给我们无穷的力量和效益。

要做就做得最好，这不应只是我们的理念，而是应当成为我们的习惯。无论做什么事情，不管是大事还是小事，要么不做，要做就做得最好，绝不能在自己的心中养成糊弄马虎的习惯。

杰克·韦尔奇在GE有一个著名的经营管理思想，就叫第一第二战略，也就是只保留在行业中处于第一第二的企业。

这个思想启示我们，人要成功就必须树立勇争第一的理念。如果还不能在大的方面成为第一，那就力争先在小的方面成为第一。事实上，所有的第一都不是一蹴而就的，你可以首先成为你所在单位的第一，然后逐渐成为你所在城市、所在国家的第一，最后再成为世界的第一。而且，俗语说：“三百六十行，行行出状元。”即便你在一个竞争激烈的行业中无法成为第一，那也有其他领域可以发挥自己的特长。比如，你不能成为跳水第一，你可以成为第一画家、第一面包师、第一服装设计师。

第一第二战略是指人做事的一种优秀精神，就是要永远做到最好,如果你不能在你所从事的行业中成为第一,你就不算做到了最好，你就需要继续努力去提高自己。人只要永远保持这种要做就做到最好的精神，就会产生巨大的力量去做好所有的事情，即使我们开始从事的只是一件小事,也要力争做到最好,坚持下去,就会做大做强，取得人生的成功。

我们可以胸怀远大的理想，但是事情要一步一步地去做，要想实现我们的理想，只有从实际出发，脚踏实地去做好身边的事。一个人只要能认真正确地做好他的每一件事情，即使他处在世界任何一个不起眼的地方，总有一天他也会脱颖而出的。下面的故事就告诉了我们这个事实。

有这样一个天才面包师，自打一生下来，就对面包有着无比浓厚的兴趣，闻到面包的香气就如醉如痴。长大后，他如愿以偿地作了面包师。他做面包时，要有绝对精良的面粉和黄油；要有一尘不染、闪光晶亮的器皿；打下手的姑娘要令人赏心悦目；伴奏的音乐要称心宜人。四个条件缺一不可，否则酝酿不出情绪，没有创作灵感。

他完全把面包当作艺术品，哪怕只有一勺黄油不新鲜，他也要大发雷霆，认为那是难以容忍的亵渎；而且哪一天要是没做面包，他就会满心愧疚。他从来不去想今天少做了多少生意，然而他的生意却出人意料的好，盖过了所有比他更聪明活络、更迫切赚钱的人。

还有一个药铺老板，幼年时父亲因买不起药而命赴黄泉，他发誓要开一个乐善好施的药铺。当了老板之后，他不改初衷，童叟无欺，贫富不二。

他还自学成才，专给没钱看医生的人开方子。一些药界人士见此大摇其头：一副败家子做派，不赔本才怪！然而他的生意却日渐红火，盖过了所有比他更会降低成本、更精明强干的人。

这就是正确执行做得最好的结果。世间的许多事情都如此，凡是最认真的人，总能创造出最优秀的产品。也只有最认真的人，才会取得最卓越的成就。只要你摒去凡尘杂念，为了社会，为了他人，专心致志地去做你喜欢的事情，成功就会奔你而来。

想把事情做得最好，还要有行之有效的方式方法。就技巧性而言，这是通向成功的捷径，是通向胜利的捷径。要善于利用人类创造的一切智慧和技巧，来提高我们做事的效率，提高成功的时效。

技巧不只是指技术技能，还包括先进的方法和机制。只要能节省我们的资源，提高我们时效的先进技巧，我们都要掌握运用它。

技巧无处不在，掌握技巧、运用技巧就会在执行中收到事半功倍的效果。彼得·德鲁克在其名著《卓有成效的管理者》中从管理的角度提出了高效管理者的技巧，很值得我们学习。其重点有 5 项：

（1）高效管理者的时间花费在什么地方。他们所能控制的时间非常有限，他们会系统地工作，来善用这有限的时间。

（2）高效管理者重视对外的贡献。他们并非为工作而工作，而是为成果而工作。他们不会一接到工作就一头钻进去，更不会一开头就探究工作的技术和手段，他们会首先自问："别人期望我做出什么成果？"

（3）高效管理者善于利用"长处"，包括自己的长处，上司的长处、同事的长处和下属的长处。他们还善于抓住有利形势，做他们想做的事。他们不会把工作建立在自己的短处上，也绝不会去做自己做不了的事。

（4）高效管理者集中精力于少数主要的领域，在这少数主要的领域中，如果能有优秀的绩效就可以产生卓越的成果。他们会为自己设定优先次序，而且坚守其设定的优先次序。他们知道："要事第一。"此外也没有其他办法，否则反倒会一事无成。

（5）高效管理者善于做有效的决策。他们知道有效的决策事关处事的系统问题，也就是如何按适当顺序采取正确的步骤。他们知道一项有效的决策，总是在"不同意见讨论"的基础上做出的判断，它绝不会是"一致意见"的产物。他们知道快速的决策多为错误的决策。真正不可或缺的决策，数量并不多，但一定是根本性的决策。他们需要的是正确的"战略"，而不是令人眼花缭乱的"战术"。

这5条可以作为我们的行动指南，可以大大提高我们做事的效率。我们必须把工作当作事业来做，利用最先进的手段，精益求精，用满腔的热情把工作做快做好做对，全力提升工作的效率。

许多非常勤奋、努力工作的人，不懂得为什么到头来绩效不好甚至一事无成，但是花同样的时间，那些少数的人完成得更多，产出得更好，获得了更大的回报。这些人到底聪明在哪里呢？其实最根本的，是他们明白执行力的重要性，懂得“只做对的事”和灵活运用做事的技巧，从而收到了事半功倍的效果。

要真正做到高效执行，必须全方位地提高自己的效率与效能，涵盖的层面有你的心理、观念、工作方法与流程、知识与技巧，以及对工具的掌握等。唯有在各个层面完全掌握高效的每一个环节，你才能够真正达到高效工作，成就非凡人生的境界。

竞争力彰显你的实力

每个人的能力都是不同的，衡量每个人能力高低的标准也不是唯一的。只有善于发挥自己的特长，彰显自己的实力，才不会让自己的能力“英雄无用武之地。”

竞争力是参与双方或多方的一种角逐或比较而体现出来的综合能力。它是一种相对指标，必须通过竞争才能表现出来，笼统地说竞争力有大有小或强或弱。

竞争源自优胜劣汰这一自然法则，是社会发展、科技进步直接的推动力。竞争力在每个人身上的体现主要在于勤奋、保持好奇心和危机意识，并且积极进取坚定信念，不为环境的改变而改变，让自我在不断的取长补短中进步、完善。

现代社会在合作的基础上强调个体优异、个体突出，这是激励体制的体现，也为竞争力提供了试炼场。也许某人在个别领域的能力偏低，但并不代表他不具备竞争力，因为现代社会考查更多的是每个人综合能力的高低。

“龟兔赛跑”是众所周知的故事，它对竞争力作了精辟的演绎。

从前，有一只乌龟和一只兔子在互相争辩谁跑得快。他们决定来一场比赛分出高下，于是选定了路线，就此起跑。

兔子带头冲出，奔驰了一阵子，眼看它已遥遥领先乌龟，心想，它可以在树下坐一会儿，放松一下，然后再继续比赛。

兔子很快地在树下就睡着了，而一路上笨手笨脚走来的乌龟则超越过它，不一会儿就完成比赛，成为货真价实的冠军。等兔子一觉醒来，才发觉它输了。

这个故事给我们的启示是，竞争是公平的，有实力也必须发挥好，否则，缓慢且持续的人会赢得比赛。这就是从小伴随我们长大的龟兔赛跑故事的版本。

但最近有人演绎了一个更有趣的版本，故事是这么连续下去的。

兔子当然因输了比赛而倍感失望，为此它做了些根本原因解析。它很清楚，失败是因它太骄傲、大意，以及散漫。如果它不要自认一切都是理所当然的，乌龟是不可能打败它的。

因此，兔子要求跟乌龟再来一场比赛，而乌龟也同意。这次，兔子全力以赴，从头到尾，一口气跑完，领先乌龟好几公里。

这个故事告诉我们，在竞争中只要发出好自己的优势，成功就是必然的。动作快且持续的人，必将胜过缓慢且持续的人。

如果在你的工作单位有两个人，一个缓慢，按部就班，很可靠；另一个则是动作快，且办事还算牢靠。那么动作快且牢靠的人会在组织中一直往上爬，升迁的速度比那缓慢且按部就班办事的人快。缓慢且持续固然很好，但动作快且牢靠则更胜一筹。

这故事还没完。这下轮到乌龟要好好检讨了。

乌龟很清楚，照目前的比赛方法，自己不可能击败兔子。它想了一会儿，然后要求兔子再来一场比赛，但是是在另一条稍许不同的路线上。兔子同意，然后两者同时出发。

为了确保自己立下的承诺从头到尾要一直快速前进，兔子飞驰而出，极速奔跑，直到碰到一条宽阔的河流。而比赛的终点就在河对面。兔子呆坐在那里，一时不知怎么办。

而乌龟却一路缓缓前行，爬进河里，游到对岸，继续爬行，最终胜出。

故事在这里启示我们：首先，要辨识出你的竞争力所在，然后改变游戏场所以发挥你的竞争力，这是取胜的关键。

一个人的所有的习惯、态度、驱动力就是他的天赋才干。站在这个观点上，人人都有他的竞争力。这个竞争力并不是你名校的毕业证，并不是你的职位和公司，也不是别人的要求和看法，是你自己内在散发出的掩盖不了的内涵，只要你勤于学习、思考、反省、实践、总结……你一定会找到你核心的才干。

有多少名校毕业生挣扎在温饱之上？又有多少没有资历的人游刃有余地操纵财富？有多少人拥有旁人羡慕的一切，但仍然寝食难安？又有多少人，扔掉了心理的枷锁，勇敢地开拓出属于自己的天空？

有这样一个人，他是计算机工程师，技术上是一般中规中矩的。但其为人在一般人眼里似乎有些小家子气，比如他特别喜欢算小账，买东西喜欢讨价还价。后来他利用网络，做起了倒卖电子配件等的小生意，而他那个看上去不怎么有男人味的“才干”就成了他的核心优势了。因为他就是喜欢买卖，喜欢讲价钱，喜欢到处搜罗信息，并充分享受每笔交易完成的满足感。于是他可以在这个领域，既实现了效益，又实现了天赋、兴趣和职业的良好结合，于是他的弱点不再是缺陷，而成为了优势。

根据上面这个小故事，你不妨来检视一下，自己的竞争力体现在哪方面呢？怎样才能打造自己的核心竞争力？像故事中的那个工程师一样，只要感觉自信，感觉快乐，感觉充实，那么在他人眼中的不足就会变为其竞争所在。

等待也有额外的价值

等待的确是浪费了我们大量的时光，但我们也可以把等待看做是超脱了日常的繁忙而得到的一份额外的时间馈赠，关键是我们要用好这份馈赠。

人生总是充满了等待的时刻，而生活中有许多的时间都消磨在等待中了。但我们还是可以在等待时读书、思考、记忆、构思的，还可以与人探讨很多有意义的问题。善用等待吧，或许你会在等待中创造奇迹。

时光是大自然赐给你的珍贵礼物，它新奇、亮丽，充满着各种机遇。不要为了无用的念头虚度年华，更不要眼睁睁地看着时光飞逝而无所事事。要珍惜现在的每一份时光，因为你的未来就孕育在今天的珍贵时间之中。

一位名人这样说过："浪费时间是生命中最大的错误，也是最具毁灭性的力量。大量的机遇就蕴含在点点滴滴的时间之中，浪费时间是多么能毁灭一个人的希望和雄心啊！它往往是绝望的开始，是幸福生活的扼杀者。年轻的生命最伟大的发现就在于时间的价值……明天的幸福就寄寓在今天的时间之中。"

时光是如此珍贵的东西，它跟我们的生命一样重要。因此，我们绝不可在碌碌无为中空虚度过，我们要抓住那似水的流光，无论它以何种形态出现。无数人在有重要事做时，还能善用时间，在无事做时却让宝贵的时光悄悄流走了，这是多么巨大的损失啊。试想如果你跟鲁迅先生一起在喝咖啡，你可能只是在喝咖啡，而鲁迅先生却是在一边喝咖啡，一边构思着一部伟大的作品。这就是伟人与凡人的差别，这也是为什么有人说，成功与失败的界线就在于怎样利用时间。

珍惜时间，就是要我们不能浪费一点时间。在我们的生命当中充满了无数等待的时间，如何利用好这些时间，无疑是我们的一笔巨大的财富。只要我们随身携带了笔和本子，我们就可以在等待时构思创作。同样是在等待的时间里，只要你开动了思想的机器，当别人在抱怨着时间的无聊时，你的一部著作说不定就在这里诞生了。

下面这篇关于塞车时产生的故事，细致地表达了等待时人们的不同表现。

距目的地还有一半路程时，由于道路出了故障，车堵在路上，车窗外正大雨滂沱，车中坐着几十个人。

不一会儿，车上开始躁动起来，有牢骚满腹的，有唉声叹气的，也有漠然无语的。

就在这时，一个男子跟司机大吵起来："开回去算了，这样等下去真急死人！"司机见大部分人都不愿回去。只稍做劝慰。那男子一下子就火了："我自己找车去！"说完顶着衣服，拿着行李一下子冲进了雨中。可没几分钟就又冲进了车内，淋得像只落汤鸡，狼狈不堪，颓然地坐到了座位上。

车内依旧有人骂东骂西，怨声载道；也有的人恬然入睡，保持安静；还有的正悠然地聊天调侃。特别是前面的两位年轻男女，初上车时两人还生生涩涩，无话可谈，两个小时过去了，不仅听到了他们热情洋溢的闲聊，还偶尔传来两人充满柔情蜜意的笑声，那女孩脸上正挂着幸福的红晕。看来塞车的时间里，已有段情缘在悄悄萌生。后排那两个大个子男人正一边吐云驾雾，一边紧锣密鼓地洽谈一笔生意呢。后边车的角落里，是一对母女，3岁的小孩正在妈妈的督促下奶声奶气地背诵杜甫的诗，那稚嫩的童音清脆悦耳，像山间百灵的啼鸣，让还在唉声叹气的人们也不由露出赞美的笑容……

当道路终于被疏通的时候，车内一片欢腾，愁眉苦脸者终于露出了笑颜。可那对刚刚萌动情丝的年轻男女脸上却有了淡淡的哀伤。是啊，他们其实渴望着塞车呢。那谈生意的两个大个子男人正热烈地握手庆祝大功告成。

你肯定也会遇到塞车的情况，你会如何做呢？

有这样一首题为《等待》的小诗，或许会对你用好等待的时光有所启示。

清晨你在等待喜讯的莅临，
黄昏她在等待亲人的归来，
车站上等车的人已排成长队，
餐馆里就餐的人也布成蛇阵，
厂矿里等待着高效率的到来，
社会中还游逛着待业的大军，
恋人在痴盼着情人的回音，

学子在急等着录出的佳信……

等待使人充满了迷惘，

等待也令人满怀着希望；

等待太久真令人感伤，

没有等待却更让人失望。

等待中树叶又由绿变黄，

等待中旷野里又长出了新楼房。

无数的弱者在无奈的等待中消亡，

更多的强者在等待中又瞄准了方向。

即使我们把时光缩短握在手掌，

等待仍然在世界上遍地疯长。

要想扔掉等待的惆怅，

就让等待充满着希望。

人类在等待中扬起了臂膀，

世界在等待中变成了辉煌！

我们不可能消除等待，我们唯一能做的就是，学会在等待的时间里继续做对我们有意义的事情。只要我们在等待的时候还在做着对我们的未来有意义的事情，我们就等于缩短了等待，把握了时光。

我们的生命时常消耗在对明天的期待上，其实这也是一种空幻的等待。重要的是我们要抓住眼前的时光，时光一去就不会复返，只有现在才是联结过去和将来的最重要环节，只有抓住现在，我们才会拥有未来。

请记住这句千古不变的良训：不能再等待了，再等就会失去一切。

高效能降低时间成本

高效率是我们这个时代的象征。时间就是效率，时间就是财富，时间就是生命。提高工作效率，可以使时间价值最大化，从而降低时间成本。

合理使用时间是高效工作的最好体现。世界上一切的节约，归根到底都是时间的节约。我们要在一切活动中科学合理地安排时间，在有限的时间里做更多有益的事情，提高时间利用的效率，创造美好的人生。

提高效率的最有效途径就是科学合理地使用时间，因为世界上一切的节约归根到底都是时间的节约。时间就是效率，时间就是财富，时间就是生命。

要用好时间，提高效率，我们就必须掌握时间的特征，采取有效的方式方法，争取在有限的时间里做更多有益的事情。下面介绍几个降低时间成本的高效秘诀。

1. 集中精力做事

把最重要的事情放在前面先做，并且一次只做好一件事。我们要做的事太多了，而时间总是有限的。要有效地利用我们的才能，集中我们的精力首先把最重要的事情办好，要事第一的法则我们前面已经介绍，这的确是提高效率最重要的一个秘诀。一次做好一件工作，也是加快工作速度的最佳方法，因为这样能集中我们的时间、精力和资源，我们所能完成的工作也就会更快更好。

2. 用好做事的工具

“工欲善其事，必先利其器。”无论做什么事情都有其最佳的使用工具，我们可选择最适用的工具，才能有助于我们把事情办得最快最好。在工具的选用上，我们一定要注意适用这个关键词。“骏马能历险，耕田不如牛。”“火车跑得快，在海里却只能靠船。”……这些道理就是我们在选用工具上必须掌握的适用原则。只有我们在做事的时候，采用了适当的工具，才会真正提高我们的办事效率。

3. 巧妙利用时间

时间是人人都拥有的资源，然而拥有资源的人不一定成功，只有善用资源的人才会成功。善用时间是个大课题，我们每个人都适用于自己的善用时间的秘方。比如，利用大量的集中时间处理要事、难事，利用零星的时间处理小事、易事、记忆东西等，这都是善用时间的表现。善用时间的关键还在于不要浪费时间，浪费时间的现象在我们的生活中真是司空见惯，我们要像珍惜生命一样珍惜自己的时间，彻底戒除浪费时间的习惯。所有成功的人都是珍惜时间的典范，鲁迅先生是把别人喝咖啡的工夫都用在工作上，才取得了光辉的成就，他就是我们善用时间的榜样。

4. 积极与人合作

个人百思不得其解的问题，可能让他人一点就透。“三个臭皮匠，顶个诸葛亮”就是集体力量更伟大的写照。我们要在这缤纷多彩的世界上永远立于不败之地，就必须善于利用世界为我们提供的全部资源和智慧。要牢记群众是真正的英雄这个真理，在遇到困难时要善于利用集体的力量，才能达到节约时间，提高效率的目的。下面这个小故事正说明了这一点。

美国加利福尼亚大学的学者做了这样一个实验：把六只猴子分别关在三间空房子里，每间两只；房子里分别放着一定数量的食物，但放的位置高度不一样。第一间房子的食物就放在地上，第二间房子的食物分别从易到难悬挂在不同高度的适当位置上，第三间房子的食物悬挂在房顶。数日后，他们发现第一间房子的猴子一死一伤，伤的缺了耳朵断了腿，奄奄一息；第三间房子的猴子也死了；只有第二间房子的猴子活得好好的。

究其原因，第一间房子的两只猴子一进房间就看到了地上的食物，于是，为了争夺唾手可得的食物而大动干戈，结果伤的伤，死的死。第三间房子的猴子虽做了努力，但因食物太高，难度过大，够不着，被活活饿死了。只有第二间房子的两只猴子先是各自凭着自己的本能蹦跳取食，最后，随着悬挂食物高度的增加，难度增大，两只猴子只有协作才能取得食物，于是，一只猴子托起另一只猴子跳起取食。这样，每天都能取得够吃的食物，很好地活了下来。做的虽是猴子取食的实验，但在一定程度上也说明了合作的力量。

第二间房子的猴子因为采取合作解决了困难而达到了共生的目的。其他两间房子里的猴子却死的死、伤的伤。我们在遇到困境时，一定要从这个故事中吸取经验教训。要依靠集体的力量，群策群力，才能共渡难关，走向胜利。只要充分发挥了大家的主观能动性和智慧，就没有克服不了的困难。人与人之间只有相互协作，共渡难关，才会不断进步，不断取得胜利。

下面的这个故事告诉我们，其实我们自己解决不了的问题，别人可以轻而易举地解决它，使用外力是提高效率的捷径。

在一个星期六的上午，一个小男孩在他的玩具沙箱里玩耍。沙箱里有他的一些玩具小汽车、敞篷货车、塑料水桶和一把亮闪闪的塑料铲子。在松软的沙堆上修筑公路和隧道时，他在沙箱的中部发现一块巨大的岩石。

小家伙开始挖掘岩石周围的沙子，企图把它从泥沙中弄出去。他是个很小的小男孩，而岩石却相当巨大。他手脚并用，似乎没有费太大的力气，岩石便被他边推带滚地弄到了沙箱的边缘。不过，这时他才发现，他无法把岩石向上滚动、翻过沙箱边墙。

小男孩下定决心，手推、肩挤、左摇右晃，一次又一次地向岩石发起冲击，可是，每当他刚刚觉得取得了一些进展的时候，岩石便滑脱了，重新掉进沙箱。

小男孩只得哼哼直叫，拼出吃奶的力气猛推猛挤。但是，他得到的唯一回报便是岩石再次滚落回来，砸伤了他的手指。

最后，他伤心地哭了起来。这整个过程，男孩的父亲从起居室的窗户里看得一清二楚。当泪珠滚过孩子的脸庞时，父亲来到了跟前。

父亲的话温和而坚定：“儿子，你为什么不用上所有的力量呢？”

垂头丧气的小男孩抽泣道：“但是我已经用尽全力了，爸爸，我已经尽力了！我用尽了我所有的力量！”

“不对，儿子，”父亲亲切地纠正道，“你并没有用尽你所有的力量。你没有请求我的帮助。”

父亲弯下腰，抱起岩石，将岩石搬出了沙箱。

这个故事说明了互助的力量。人各有短长，你解决不了的问题，对你的朋友或亲人而言，或许就是轻而易举的，记住：他们也是你的资源和力量。

提高效率的秘诀是很多的，这里介绍的只起个抛砖引玉的作用，只要我们人人注重高效，善用自己宝贵的时间，并在实际工作中研究总结适合自己的方式，成功就会越来越容易，我们的生活就会越来越美好。

好口才令你折服众人

我们一般人，都不能算是很会说话，但也不能算是对于说话这件事一窍不通。而且大多数人，都多多少少懂得一点谈话的方法，不过很少用科学方法去剖析而已。

“那些口才好的人是怎么练出来的？”也许每个人都会产生这样的疑问，每个人也都有过这样的梦想，希望自己有朝一日能像他们一样口若悬河，娓娓而谈，令人折服。其实，答案很简单，只要你勇敢地面对现实，大胆面对挑战，并注意以下几个基本条件，刻苦勤奋，坚持不懈地努力练习，你完全可以拥有出色的口才，实现自己的梦想。

1. 善用谈话资料

如果你真有心克服不懂说话的困难，就千万不要偷懒。用本子逐项地记下你认为要改善的每一个问题，并且把现有的经验也记录下来。例如，你要记下来究竟在什么人的面前，你感觉到无话可说？为了什么原因呢？你得自己先想一想。

单是这样想一想还不够，你最少用一个星期的时间，每天认真地默记下来，你在这一天里跟别人谈话时的情形。到了周末，你再冷静地分析在那个本子上，你应该最先要改进的是哪一点。然后一个星期、一个星期地执行下去，一面看书，一面研究你自己的实际情况。一边看看书中所讲的，能不能解决你的问题，一边又把自己的经验心得，记在本子上。

如果能这样实行，在三个月之内，你就可以得到惊人的进步，可以减少害羞次数，可以改善口气和态度，说话更有条理，不再让人讨厌，当然更知道避免和人“抬杠”了。

对于谈话的题材和资料，一方面要懂得去搜集，一方面还要懂得去运用。懂得去运用，即使一句普通的话，也往往会收到惊人的效果。

对于材料，你还可以从读书得到说话的材料，但是，不要把这些记下的话像背书一样叙述出来，而是要运用这些话，来表示我们的看法和我们的态度，这样别人才不会觉得我们是书呆子。

你每日所遇见的各种可以作为谈话的题材和资料，绝不仅仅只是你与人谈话的题材和资料而已，它们代表每一个事实。你要清楚每一句话，都正向你说明些什么，它们全都向你提供一些对人和对事的看法，都在影响你对人生的观点与态度。在你吸收它们的时候，你不是毫无主见地去吸收的；而在你运用它们的时候，你也不是毫无目的地去运用的。

在你吸收它的时候，你是需要用自己的观点和态度去衡量一番的。你的耳朵听到一句话，你的心立刻对它作出了判断：喜欢它，或不喜欢它；同意它，或是不同意它。

同样的，在你运用它们的时候，你必然也带着你本人的看法。所以说出一句话的时候，你并不是像背书一样，把记得的话像鹦鹉一样地表达出来，而你使用这句话只不过是进一步说明你对人对事的看法，提出佐证，证明你所坚持的道理，赞美你所认为美的人物，或是驳斥你所认为错误的理由，指斥你认为错误的行为。

2. 培养观察能力

我们在与他人谈话之前，应该先了解对方可能感兴趣的话题是什么，即使每个人感兴趣的话题不同，但都离不开日常生活。这也就是说，只要我们在平常的生活中，保持着敏锐的观察力，就可搜集到丰富的谈话题材，进而能够与不同阶层的人交谈。

“流行”是最普遍的话题，也是现代人生活的一种指针，例如当红的明星、流行的服饰、流行语等，均有可能是热门的讨论话题。我们能够培养开放的观念，将有助于我们与他人快乐地交谈，但是开放的观念并非意指你要抛弃原有的价值观，或是被迫毫无选择地接受所有的新信息，而是希望你不要墨守成规，一味排斥潮流，并且要以开放的心态接触更多的事情，借以增加经验，充实谈话内容。

此外，搜集一些有趣的话题，以及对方的个人情报，也将有助于谈话的顺利进行。对谈话人物有所了解，能使我们充分掌握对方有兴趣的话题，并且维持谈话过程的良好气氛。即使是想与初识的人交谈，我们也能从对方的自我介绍中，获得相关的交谈信息。

3. 明确表达目的

在人际交往中，失言是不可避免的。失言的原因是多方面的，但其中最根本的原因，往往是因为缺乏清醒的目的意识。

一般来说，人们说话的目的，不外乎这几种：一是传递信息或知识；二是引起注意或兴趣，多是出于社交目的；三是争取了解和信任；四是激励或鼓动；五是说服或劝告。

坚持话由旨遣的原则，明确说话目的，是说话取得成功的首要条件。只有明确了目的，才知道应准备什么话题和资料，采取何种语体风格，运用哪些技巧，从而能够有的放矢，临场应变。若目的不明，不顾场合地信口开河、东拉西扯，对方就会不知所云，无所适从。

因此，每次说话之前，不妨扪心自问："我为什么要说？"或者："人家为什么要我说？"预先想一想可能产生的效果，并把预期的效果当作目标并为之努力。

4. 克服恐惧心理

消除说话的紧张、恐惧心理，其方法多种多样。下面，介绍几种通过巧妙调整情绪来冲淡紧张和恐惧心理的有效办法。

（1）越掩饰，越紧张。紧张不安时，不妨笑着承认：我好紧张啊！即使心中很紧张，也绝不掩饰，公开地袒露心中的压力状态，这样倒可以一点点释放紧张的心情。

（2）为紧张说好话。如果紧张心情出现，也可以试着这样自我安慰："唉，刚好又开始紧张了。如果一个人对于在众人面前亮相已经完全习以为常，没什么感觉与反应，那就完了。幸好，今天还是会紧张，心跳个不停，真是好极了。"这样，不就巧妙地缓和了自己紧张的情绪吗？只要那种紧张情绪一冲淡，就可以大胆开口说话了。

（3）正确看待你说话的对象。关于克服当众怕羞的心理，卡耐基先生最有经验，而在他的众多经验中，最基本的经验就是：你要假设听众都欠你的钱，正要求你多宽限几天，你是神气的债主，根本不用怕他们。正确看待你的听众，不仅可以克服不安的情绪，而且有助于建立勇气和自信。

（4）放松心灵。许多舞台经验相当丰富的戏剧演员，他们在开幕前仍然会激动紧张。其实越有经验的人，他们的观察力也越强，对于环境及人事也越敏感。所以说，他们的紧张是一种对于环境的恐惧和对自身信心不足的表现。

当遇到同样的情况时，首先，要保持清醒的头脑，要清楚自己是讲话者，形象对听众的影响至关重要，千万别把自己逼入自己制造的模子当中,让自己看起来像个傻子。一旦你能在人群中随遇而安，就不可能再退缩。不论是对个人还是对人群，都能与平时一样自如表达自己的意见。

（5）鼓足勇气。美国心理学家威廉·詹姆斯教授曾说："我们失去了原有的自然的欢乐，那么，通往欢乐最佳的方法，即是快快乐乐地站起来说话，表现得好像欢乐就在那里。如果这样的举动不能让你觉得快乐，那就别无良方了。所以，感觉勇敢起来，表现得好像真的很勇敢，运用一切意志达成那个目标，勇气就很可能会取代恐惧感。"

詹姆斯的劝告对我们非常有用。为了培养勇气，当我们面对观众时,不妨就表现得好像真有勇气一般。这样,就很有可能消除紧张。事实上，在开始说话前，深呼吸 30 秒，这样增加的氧气供应可以提神，并能增强信心。

（6）避免与人相比。如果对自己要求太高就可能有口难言。希望别人听了自己的每句话都佩服得五体投地；希望自己一开口，别人就洗耳恭听。你看见许多人能够做到这一点，因而佩服他们，羡慕他们，希望自己也能和他们一样。可是当事实并非如此时，你失望了，气闷了。因此，你变成了一个不爱说话的人。如果是这样，那倒并不难治。

对自己要求高一点是应该的，或者说是值得鼓励的。不过，同时也要清楚口才和其他才能一样，不是一下子就能得到的。那些口才好的人之所以有如此高的水准，是因为他们一直坚持不断地练习，逐步提高的。

（7）不要害怕犯错误。在讲话过程中还应尽量避免令自己不安的反面刺激，比如，总是设想自己会犯语法错误，或总担心自己会突然停顿下来，讲不下去了。这些反面刺激，很可能会动摇你的信心。因此，在开口时，最重要的是把注意力从自己身上移开，或集中精力听别人怎么说，避免不必要的登台恐惧。

克服这种恐惧，对我们做其他事也有潜移默化的功效。那些接受挑战的人，会发现口才一天天好起来，战胜了当众说话的恐惧会使自己感觉像脱胎换骨，人生因而更多姿多彩，更圆满丰富。

5. 赞美要用真心

赞美一样大家都知道的东西，说说自己对某件普遍受关注事情的感想，是打开话匣子最稳当得体的方法，之后人人都能加进自己的意见，由此可以探出对方的兴趣和爱好，然后拓展谈话的领域。如果你找对了对方的兴趣点，那你的目的也就会很容易达到，并且能取得事半功倍的效果。

刻意奉承、谄媚的话，听起来或许令人飘飘然，但是却浮华不实。因为这种话往往不是出自内心的真诚，反而给人夸张、不切实际的感觉，使人无法打从心底去接受。比方你有一套穿起来显得老气的西装，你并不喜欢，但是因为某些原因，不得不穿上它，结果别人对你说：“你今天真帅气，这衣服真适合你。”相信你听了之后，心里一定很不是滋味。

再者，自赞自夸对话题的展开深入也有积极的作用。自赞自夸既可以直接出自本人之口,也可以转借他人之口,最好还辅以如奖状、奖品、名人评介、新闻传播媒介的表彰等证明，增强其可信度和说服力。但要避免过度自赞自夸，从而引起听者的反感。而是应该小贬大褒、轻贬重褒，既能体现实事求是的态度，又能给人谦虚的好印象，并且无损自己美好的形象。

还需注意的是，在与尚未熟识的人说话时，最好选择较为轻松愉快的话题，尽量不要提及个人过去不愉快的经验，以免让对方觉得沉闷、无聊。

6. 话题适应时代

语言与文化、社会背景本来就是既相成又制约，也就是说，当我们在传递任何讯息时，总是会受到不同社会和文化的影响，因此，为了让语言运用达到最佳效果，必须清楚辨明各种社会及其文化对双方的影响。

一般而言，我们的社会环境、历史背景、文化特征，往往会赋予语言在本身意义外的附加意义和功用，从而对人际往来产生影响。所以，当我们在使用具有“附加意义”的语词时，必须特别小心谨慎，如果随意乱用，势必弄巧成拙。不同的民族有不同的文化特征，而不同的民族语言也反映了其不同的文化特征，因此，在语言的运用上必须注意文化差异。

例如，我们都会对同事、朋友、邻居说声：“吃过饭了吗？”“这么早，上哪去呀？”谁都知道这是一种亲切的问候和招呼，但在不同的民族文化里，却可能引起误解或不快。譬如对欧洲人或美国人说“吃过饭了吗”，对方可能以为你要请他吃饭，当他发现你只是随口的一声问候时，便会认为你虚情假意、言不由衷，从此对你印象极差。“你要多穿些衣服，别感冒了。”在我们听来这是一种关怀，但美国人听了也许会认为你是在指使他，反而对你产生反感。

7. 表达你的热忱

沟通要成功，第一个策略就是要让他人感觉到你的热心和诚意。“精诚所至，金石为开。”如果自己本身都意未明，情未动，言不由衷，怎么去表情达意呢？如果说诚意所要求的着眼点是内容，那么热心所要求的重点就是在语言的表达上。“情自肺腑出，方能入肺腑。”只有深切的热诚，才能唤起别人的热诚。说话要有感而发，主要目的在于晓之以理的同时动之以情。

热诚的具体表现是多方面的，其中之一就是对他人的尊重和说话时的礼貌。人与人相处，除了道德和伦理上的意义之外，还有其特殊的含义，而且这种含义直接关系到自己或公司在大众心目中的形象和声誉，与公共关系目标的实现紧密相关，因此，如你身为公关或服务人员，就必须更注重诚意的表达，以及是否尊重对方。

在公关策略中，人际沟通上的“诚意”能产生奇效。公关人员服务的对象是“任一不特定的大众”，从理论上说，大众就是任何需要我们提供服务的人。因此，出现在公关人员面前的不管是群体还是个人，只要是他的顾客，就应该对他们讲信用，用真心为大众解决问题。

8. 巧用身体语言

高超的社交口才，既要有动人的谈吐，又要有得体的表情动作，方可趋于完美。语言较多地显示着内在的思想和智慧，举止则更多地显露着外在的风度和形象。恰当地调动姿势和动作来帮助自己说话，会使你的表达更加富有魅力。

身体语言能弥补有声语言的不足，它通过有形可视的、具有丰富表现力的各种动作和表情，协助有声语言将内容准确无误地表达出来。

要巧用身体语言，就要懂得如何设计完美的身体语言。

（1）坐姿。除了演说之外，我们说话时多半是坐着的。关于坐有多种不同方式，有的人喜欢坐在中间，让大家围坐在自己身边；有的人喜欢坐在会场的角落，不让别人注意到自己。其实，最好的座位是面对听众，让大家清清楚楚地看见自己。坐的时候，姿势要自然，而且保持端正，切不可斜靠在椅中，或者盘腿，或者把手臂搁在椅背上，这样都会引人轻视，这些都必须时时注意。

（2）腿姿。不论坐着站着，腿部常常呈现三种姿势，即两腿分开、两腿并拢和两腿交叉。两腿分开是一种开放型姿势，显出稳定、自信，并有接受对方的倾向；两腿并拢的姿势则过于正经、严肃；两腿交叉是一种防御性姿势，往往显得害羞、忸怩、胆怯，或者随便散漫。

还有一种架腿的姿势，就是常说的跷二郎腿。架腿姿势通常是控制消极情绪的人体信号，专家们说它“颇有不拘礼节的意味”，对于女性来说，这是一种不可取的姿势。

说话时，最好采取两腿分开的姿势。站立时，两腿张开，两脚平稳着地成“丁”字形或平行相对，或一前一后，躯干伸直，不要屈膝和弯腰弓背，否则显得消极懒散，无精打采；坐宜端坐，即两腿稍稍分开，间距不超过肩宽，女性更要注意不过分叉开，腰板轻松地挺直，这样显得自然、从容，精神饱满。

（3）手姿。当发表意见时，如何安放手是特别值得留心的。最好是把它们忘掉，让它们自然垂直在身体的两边。不过万一你觉得它们讨厌而累赘，插在衣袋里或是放在背后也可以。总之，能让你的情绪平和就可以了，不要过多注意它们是否有碍，更不必顾虑听众会留意你的手的位置。

如果在说话时将注意力集中于真情的流露，两手就会成为你表达意思的工具，会帮助你说话。在需要时，它们会自然地举起来，或放下去。不过，千万不要故意把手交叉在胸前，更不可勉强扶在讲桌上,这样就会使你的身体不能自由行动。而用手玩弄自己的衣服，听众会因此转移注意力，而你自己也会因此显得愚拙。

（4）表情。表情即面部表情，主要是脸部各部位对情感体验的反应动作。它与说话内容的配合最便当,因而使用频率比手势高得多。

常用面部表情的含义有：点头表示同意，摇头表示否定；昂首表示骄傲，低头表示屈服；垂头表示沮丧，侧首表示不服；咬唇表示坚决，撇嘴表示藐视；鼻孔张大表示愤怒，鼻孔朝人表示轻蔑；嘴角向上表示愉快，嘴角向下表示敌意；张嘴露齿表示高兴，咬牙切齿表示愤怒；神色飞扬表示得意，目瞪口呆表示惊讶，等等。

（5）眼睛。交谈时，要敢于和善于同别人进行目光接触，这既是一种礼貌，又能帮助维持一种联系，谈话在频频的目光交流中可以持续不断。更重要的是眼睛能帮你说话。

交谈中不愿进行目光交流的人，往往叫人觉得是在企图掩饰什么或心中隐藏着什么事；眼神闪烁不定则显得精神上不稳定或性格上不诚实；如果几乎不看对方，那是怯懦和缺乏自信心的表现，这些都会妨碍演讲。当然，和别人进行目光交流并不意味着老盯着对方。

研究表明，交谈时，目光接触对方脸部的时间宜占全部谈话时间的 30% 至 60%，超过这一界限，可认为对对方本人比对谈话内容更感兴趣；低于这一界限，则表示对谈话内容和对方都不怎么感兴趣。这在一般情况下都是失礼的行为。

但是，集会中的独白式发言，如演讲、作报告、发布新闻、产品宣传等则不一样，因为在这些场合，讲话者与听众的空间距离大、视野广阔，必须持续不断地将目光投向听众，或平视，或扫视，或点视，或虚视，才能跟听众建立持续不断的联系，以期收到更好的效果。

身体语言在说话过程中具有特殊的表达功能。但它毕竟只是完成表达任务的手段，而不是说话所追求的最终目标。对于口才来说，身体语言并没有独立价值，而只有辅助价值，在谈话过程中处于从属地位。正是这种从属地位，决定了身体语言的设计和运用，必须由表达的内容、情绪和谈话对象等因素的特点来决定。

9. 收尾意味深长

现在，“再会”“再见”之类的告别语千篇一律，太俗太空，要努力设计能给对方留下深刻印象的告别语。一般而言，收尾有以下几种：

（1）关照式收尾。“刚才我讲的一些话，是一些不成熟的看法，我觉得不必让他人知道，请你不要传出去，以免引起麻烦……”“小张，我要讲的都讲了，全是心里话。有关小王的事你千万不要告诉别人，不然会闹出大乱子来的。"

这种收尾方式，是交谈双方说完了自己的思想、意见或流露了某些内心意向之后，觉得谈话中的有些话和问题带有范围性、对象性、保密性和重点性，当交谈即将结束时，就关照对方不要将其中的某些话张扬出去。

关照式收尾有一种提起注意、防患于未然和强调重点的作用，能使交谈的对方增进了解和增强"使命感"、"责任感"。

（2）征询式收尾。交谈行将完毕，主谈者根据自己的"谈话使命"综合"交谈情况"——目的与交谈后的吻合情况向对方征求意见、说明、要求或建设性的忠告、劝诫，等等，这就是征询式收尾。

"××，随着我们接触的增多和了解的深入，你一定察觉出我有许多缺点，你觉得我最糟糕的'毛病'是什么？希望你下次开诚布公地提出来。""××，我不懂得'恋爱艺术'，我只想对你说一句话，在你面前的这个人，他愿意爱你一辈子，不知你的想法怎样。"

在交谈艺术中，征询式的收尾往往给人以谦逊大度、仔细周到和深沉老成的印象。运用征询式的收尾，对方听了无疑有一种心悦诚服、倍感亲切、心心相印的感觉，从而取得融洽关系、有利于事业进展的良好效果。

（3）道谢式收尾。道谢式收尾，在交谈艺术中具有较强的礼节性，它的基本特征是用讲"客气话"作为交谈的结束语和告别话。道谢适用的场景和对象是最广泛的，无论是上下级、同事、亲朋还是熟人、邻舍以及初识者之间都是适宜的。如果一次同事间的思想启迪性交谈行将结束，从谈者可用"听君一席话，胜读十年书"、"你对我学习上的帮助和生活上的关怀，我感激不已”结束。

（4）祝愿式收尾。这种收尾方式的特点是，不仅具有较强的礼节性和情趣性，而且还具有极大的鼓动力，如再加上适当的口语修辞，它的效果无疑会非常显著。如：“再见吧，路上保重。祝你一帆风顺！”“时间不等人，生活就是拼搏，抓紧时间抓紧干，就等于延长生命。我希望你是这样一个人，再见！”

结束交谈的表达和方法多种多样，只要我们能够驾驭情境，正确审视对象，选择得当的话语，交谈结束时，不仅会非常得体、有趣，而且还会余韵犹存，感人至深。

（5）归纳式收尾。通常在上下级之间非形式性的交谈，或同志间或亲朋间工作性交谈中使用。“小马，我今天谈的主要问题，一是咱们团委对新形势下出现的一些问题如何作出正确的估计和怎样引导、转化；二是关于共青团发展工作的经验，我们得好好总结一下。这是局团委要求我们马上做的，这两件事，我事先同你打个招呼，我们都考虑一下……”“丁明，听了你的情况介绍后，我觉得问题的关键是第一点，我们是做他人思想工作的，如能统一人心，其他问题也就迎刃而解了……”

无疑，交谈中的归纳式收尾，由于条理清晰，中心突出，重心再现，这样对方交谈的目的和内容，双方的思想和意见就能清楚交流，收到言简意赅、重点突出、明朗爽快的效果。

（6）邀请式收尾。邀请式收尾的基本特征是运用社交手段向对方发出礼节性邀请或正式邀请。前者的效用体现了“客套式”所需的礼仪；后者则表现了友谊的生命力。

如“客套式”邀请：“如果您下次路过北京，请到我们家来做客。再见！”

如正式邀请：“今天我们就说到这里吧，后天下午 5 点钟请你到我们家吃顿便饭，那时我们再长谈吧。再见！”

上述这两种邀请式收尾语，在社会交际中都是必不可少的。“客套式”邀请也是一种礼节；正式邀请更是一种友好和友谊的表示。运用这种结束语，无疑是符合社交礼仪的。

10. 表达不同意见

生活中，我们常会对一些问题产生不同的意见，当我们想发表异议时，怎样才能表现诚恳，又能使人高兴地接受自己的意见呢？

（1）先退让一步，再提出反对的意见。在表示不同意见时，应该先退让一步，表示自己在某些方面同意对方的意见，也很仔细地考虑过他的意见；然后再说明自己的建议，如此将使对方更容易接受你的观点。你不妨这样说：“我考虑过你的提议，这个建议很好，不过，有些问题可能还需要再商量。”或是：“我十分同意你的意见，只是我有一些建议，希望你能听听看。”

（2）婉言陈述，吸引对方一起讨论。在表示反对之前，你不妨以慎重的态度，请对方再斟酌考虑一下，让不愉快的情绪降到最低，然后再提出你的意见。你可以这样说：“你提的问题很重要，是否可以重新再仔细地讨论一下，你觉得如何？”“你是否可以再想想，有没有更好的办法或建议，我的看法是这样应该也不错……”这种态度不仅表明你愿意考虑接受对方的意见，而且表明你对他的意见很感兴趣，可使对方乐于跟你讨论，接受你的意见。

（3）褒贬倒置，营造和谐气氛。在提出反对意见前，你不妨告诉对方，有一些人也和他有同样的观点。把批评性的话先以表扬的形式讲出来，这样可以帮助你在和谐气氛中否定对方的意见。你可以这样说：“你提的意见很好，不少人和你有同样的看法，不过……”

（4）回避焦点，缓冲正面的纷争。你可以表示同意对方的意见，但说明有些人不赞同，然后再针对不完善的地方提出质疑。

（5）重复对方的意见，以提醒对方再次考虑他的意见。在发表不同意见的过程中，许多人说话时往往粗心大意，所说的话可能不够完善，这时你不妨用询问的口气、适宜的语调重述对方的意见，表示希望得到再次的证实，使对方能重新思考，加以修正。比如，有一人在座谈会上批评学校管教学生不严时说：“学校对于学生太过溺爱，使学生越来越放肆。学校应该要学生做他们不喜欢的事，至于任何要求都可以。”另一个对此有异议的人便问：“您认为学校如何对待学生最合适？要训练学生做其不喜欢的事就好了吗？”这番话立刻使先前提议的人又会再重新修正他有失偏颇的言辞。

（6）善意的取笑，沟通双方情感。善意的取笑是指以幽默形式出现的善意玩笑。有一次，一个想成名而又不愿下苦功的年轻人写信给马克·吐温：“听说软骨中含有大量的磷，而磷可以补脑。我想，要成为一位大作家必须补脑，不知道您可否建议我吃哪种料理才好？”马克·吐温的回答是：“我想，你最好吃一只鲸鱼。”善意的取笑往往会收到意想不到的效果，但在使用时应注意不可使用尖酸刻薄的用词，更不能奚落对方。

获取客户好感的技巧

当你对一个人有好感时，你一定会好意回应他，如此双方的面谈就会如沐春风。

要真正做到与客户有效沟通，必须选择适宜的沟通方式并掌握相应的技巧。否则，你就无法获得客户的好感，沟通交流甚至无法进行下去。那么，哪些因素会影响到第一次会面的印象好坏呢？我们又该把握哪些方面呢？

1. 给客户良好的外观印象

人的外观会给人暗示的效果，因此，你要尽量使自己的外观给初次会面的客户一个好印象。一个人面部上的眼、鼻、嘴及头发都会带给人深刻的印象，虽然每个人的长相是天生的，但是你也能经由你自己的注意而进行相当程度的修饰。穿着打扮都是影响第一印象好坏的主要因素，一个连穿着都不能注意好的人，怎么能获得别人的信任呢？或许有些人认为这些都是小节，觉得自己超强的专业知识能帮给客户最大的利益，客户应该重视的是在这里，不可以貌取人。但是，如果因为第一印象不好，让客户在心理上产生抵制情绪，那业务代表势必要在专业上多下很多工夫。无形中要浪费许多时间。

2. 要记住并常说出客户的名字

名字的魅力非常奇妙，每个人都希望别人重视自己，重视别人的名字，就如同看重他一样。了解名字的魔力，能让你轻而易举就能获得别人的好感，千万不要疏忽了它。业务代表在面对客户时，若能经常、流利、不断地以尊重的方式称呼客户的名字，客户对他的好感也将越来越浓。

专业的业务代表还应该密切注意准客户的名字有没有被报刊报道，若是你能带着有报道准客户名字的剪报一同拜访你初见面的客户，客户能不被你感动吗？能不对你心怀好感吗？

3. 让你的客户有优越感

让人产生优越感最有效的方法是对于引以为自傲的事情加以赞美。若是客户讲究穿着，你可向他请教如何搭配衣服；若客户是知名公司的员工，你可表示羡慕他能在这么好的公司上班。有一位爱普生公司的业务代表，每天约见客户时的第一句话就是："你的公司环境真好，能在这里上班的一定都是很优秀的人才。"通过一句简单的赞扬，一下就拉近了和客户的距离。客户的优越感被满足，初次见面的警戒心也自然消失了，彼此距离拉近，能让双方的好感向前迈进一大步。

4. 替客户解决问题

你在与准客户见面前，若是能事先知道客户面临着哪些问题，有哪些因素困扰着他，你若能以关切的态度站在客户的立场上表达你对客户的关心，让客户能感受到你愿意与他共同解决问题，他必定会对你立刻产生好感。如果客户关注的是产品本身，你就要挖掘产品本身的优势；如果客户更关注是谁来操作，那么你就要拿出操盘手的经历和资历……

5. 自己保持快乐开朗

快乐是会传染的，没有一个人会对一位终日愁眉苦脸、深锁眉梢的人产生好感。能以微笑迎人，能让别人也产生愉快的情绪的人，也是最容易争取别人好感的人。因此，作为业务代表的每日修炼课程之一，就是每日出发前，对着镜子笑上一分钟，并使自己的笑容变得亲切、自然。而且还要进行适当地自我沟通、自我暗示来加强自信，比如对自己说："我很自信，我很快乐，我要成为顶级推销员。"通过这样的方法，先让自己愉悦起来，再用这份愉悦和活力去感染他人，这样就为你和准客户的沟通奠定了好的基础。

6. 利用小赠品赢得准客户的好感

你应该让你的客户觉得你不是来签合约的业务代表，而是来进行业务宣传，沟通彼此关系的使者。事实上，许多国际性的知名大公司都备有可以配合本公司形象策划宣传的小赠品，如印有公司办公大厦的小台历，贴着公司标志的茶杯、签字笔，等等，供业务代表初次拜访客户时赠送给客户。小赠品的价值不高，却能发挥很大的效力，不管拿到赠品的客户喜欢与否，相信每个人收到意外的小收获时，内心的好感必然会油然而生。

以上六种方式都能使你的准客户对你立即产生好感，若你能把这六种方法当作你立身处世的方式，让它们成为一种自然的习惯，相信你在哪里都会成为一位受欢迎的人物。

建立和谐的人际关系

人际交往是交流信息、获取知识的重要途径，是个体认识自我、完善自我的重要手段，是一个集体成长和社会发展的需要。为了促进人际关系和谐，知人不必言尽，留些口德；责人不必苛尽，留些肚量；才能不必傲尽，留些内涵；锋芒不必露尽，留些深敛；有功不必邀尽，留些谦让；得理不必争尽，留些宽容；得宠不必恃尽，留些后路；气势不必倚尽，留些厚道；富贵不必享尽，留些福泽；凡事不必做尽，留些余德。

人际关系是社会生存和发展重要的软环境，无论在亲朋好友之间还是经商中的投资机遇，抑或职场等其他场合，它都扮演着极其重要的角色。如果能恰到好处的驾驭人际关系，不仅仅能增进人们之间的感情，在很多方面也能起到事半功倍的效果。

人际交往能力就是一个人在一个团体、群体内与他人和谐相处的能力。人是社会的人，很难想象，离开了社会，离开了与其他人的交往，一个人的生活将会怎样？有人存在，必须与人交往。比如，当你想起你生活中最愉快的事、最有成就的事和最有意义的事时，你很可能会把它们与他人的关系联系在一起。同样，你生活中最伤心的事、最痛苦的事和最受挫折的事或许也是由人际关系造成的。由此可见，和谐的人际关系对我们的人生有多么大的影响。

从某个角度上来说，良好的人际关系，应是个体在与人交往的过程中，用诚实、宽容和谅解的原则，树立自我良好形象，形成集体中融洽的关系，并积极向外拓展自己的交际面，不断赢得他人及社会的赞誉，辅助人生走向成功的最佳手段。

和谐的人际关系，可以使人精神愉快，情绪饱满，充满信心，保持乐观的人生态度。一般说来，具有良好人际关系的人，大都能保持开朗的性格，热情乐观的品质，从而正确认识、对待各种现实问题，化解事业中的各种矛盾，形成积极向上的优秀品质，迅速适应现实。相反，如果缺乏积极的人际交往，不能正确地对待自己和别人，心胸狭隘，目光短浅，则容易形成精神上、心理上的巨大压力，难以化解心理矛盾。严重的还可能导致病态心理，如果得不到及时的疏导，可能形成恶性循环而严重影响身心健康。

有一家老式旅馆，餐厅很窄小，里面只有一张餐桌，所有就餐的客人都坐在一起，彼此陌生，都觉得不知所措。

突然，一位先生拿起放在面前的盐罐，微笑着递给右边的女士："我觉得青豆有点淡，您或者您右边的客人需要盐吗？"女士愣了一下，但马上露出笑容，向他轻声道谢。她给自己的青豆加完盐后，便把盐罐传给了下一位客人。不知什么时候，胡椒罐和糖罐也加入了公关行列，餐厅里的气氛渐渐活跃起来，饭还没吃完，全桌人已经像朋友一样谈笑风生了，他们中间的冰被一只盐罐轻而易举地打破了。

第二天分手的时候，他们热情地互相道别，这时，有人说："其实昨天的青豆一点也不淡。"大家会心地笑了。

有人曾慨叹人与人之间的隔膜太厚，这隔膜其实很脆弱，问题是敢于先打破它的人太少。上面这个例子说明，当面对可能出现的人际隔膜时，只要每人都迈出一小步，你就会发现，一个微笑，一句问候，就会化解这层隔膜。人与人的交往需要点积极的行动。

人际关系和谐的基础和前提是人自身的和谐，即个人身心协调发展，包括身体健康、心态平和、人格健全、精神充实、情感丰富等。和谐，是关于人自身和谐、人际关系和谐、人与社会关系和谐、人与自然关系和谐、中国与世界和谐的思想观念、价值取向、和而不同的辩证思维方式，包括平和包容的处世态度、通融和解的行为方式、安定达观的社会心理、天人合一的自然观等内容。加强和谐文化修养，使我们的身心安定平和，使我们的思想观念、言行举止都能体现出和谐的理念，使我们的心灵、气质不断升华，才能影响周围的人，进而引导社会形成欢乐、和谐的人际关系。

有一个工程队准备整修一座寺庙，派人去找技艺高超的设计师，希望能够将寺庙整修得美丽而庄严。

后来有两组人员被找到了，其中一组是有名的工匠，另外一组是几个和尚。由于工程队长没有办法判断到底哪一组人员的手艺比较好，于是他决定给他们一个机会作出比较。

皇帝要求这两组人员各自去整修一个小寺庙，而这两座寺庙互相面对面，三天之后，皇帝要求观看效果。

工匠组向工程队要了一百多种颜料，又要了很多的工具。而让工程队长很奇怪的是，和尚们居然只要了一些抹布与水桶等简单的清洗用具。

三天之后，工程队长来了，他首先看到的是工匠们所装饰的寺庙。他们用了非常多的颜料，以非常精巧的手艺把寺庙装饰得五颜六色。工程队长很满意地点点头，接着回过头看和尚负责整修的寺庙，他看了一眼就愣住了：寺庙中非常干净，里面所有的物品都显出了它们原来的颜色，而它们光泽的表面就像镜子一般，无瑕地反射出外界的颜色，那天边多彩的云彩，随风摇曳的树影，甚至对面五颜六色的寺庙，都变成了这个寺庙美丽色彩的一部分，而这座寺庙只有宁静地接受这一切。工程队长被这庄严的寺庙深深地感动了，当然我们也知道最后的胜负了。

生活中，每件事情都有自己的风格和特点，每一个人也都有着自己的个性和特点，如果我们用既定的标准来掩饰本来的面目，那么我们也就迷失和丢失了本身的自我。

一位哲人所说："成功的第一要素是懂得如何搞好人际关系。"无数事实说明，有一身好本事，可以安身立命；有一个好人缘，可以八面来风。

人脉是一个人通往财富、成功的入门票！这里列出柯云路的"建立和谐人际关系的十大法则"，相信对你一定会有帮助。

1. 由彼观彼，善解人意

这是外理人际关系的第一原则。人都习惯从自己的角度观察问题，自己的利益、自己的愿望、自己的情绪、自己的一厢情愿，从上述角度观察周边的每一个人,因此,常常很难了解他人。公说公理、婆说婆理的现象比比皆是。

一切双边的、多边的人际关系冲突几乎都是这样。大到两个集团、两个民族之间也是如此。只要站在客观的立场就会发现，冲突的双方几乎完全不理解对方。

那么，想处理好自己和他人的双边关系，最大的飞跃就是改变“从我出发”的单向观察与思维。要善于从对方的角度观察对方，也即由彼观彼。在此基础上，善解他人之意。如此处理双边关系，就有了更多的合理方法。

2. 己所不欲，勿施于人

自己不希望别人对待自己的言行，自己也不要以那种言行对待他人。

这个原则是对由彼观彼、善解人意的首要注释。是处理人际关系必须遵循的金科玉律。这是真正的平等待人，是古往今来都适用的民主精神。

许多人不懂这一点，才会有那么多的一厢情愿，才会有那么多的无理待人。己所不欲，勿施于人。无论是对同事，对部下，对朋友，对合作伙伴，对恋人，都该遵循。不懂得这一点，往一般了说，很难成就自己；往高了说，很难成为伟大人物。每个人都可能伟大，谁能融会贯通地实施己所不欲,勿施于人,谁就可能造就自己的伟大。

3. 不求取免费的午餐

这个世界原本没有免费的午餐。很多人不懂得这一点，与不懂得己所不欲，勿施于人这一条相关。人们并不愿意给不相干的人提供免费午餐，然而，事情反过来针对自己时，他就不明白道理了。别人有成就了，我应该分享；别人有钱了，我应该沾点光；别人有名声有地位，似乎都应该瓜分。殊不知无功受禄、不劳而获古往今来都令人厌恶。心中生出求取免费午餐的念头，常令人生畏缩、心灵低劣，没有出息。

有的人即使没有索取免费午餐的行为，但同样的心理活动连绵不断，各种各样的嫉妒心理和天上掉馅儿饼的白日梦充斥大脑，与之相关的诸多不平衡与恶毒的攻击更使他备受折磨。放下索取免费午餐之心，就多了清净和坦然，也多了自信与奋进之心。

4. 己所欲而推及于人

懂得了己所不欲，勿施于人，进一步就该懂得己所欲而推及于人。自己不喜欢的事情，不强加给他人。自己渴望的事情，要想到他人也可能渴望。做到了这一条，人生状态就相当高级了。

当你渴望安全感时，就要理解他人对安全感的需要，甚至帮助他人实现安全感。你渴望被理解、被关切和爱，就要知道如何力所能及地给予他人理解、关切和爱。给予他人理解与关切，会在高水平上调整融洽彼此的关系，也能很好地调整自己的状态，这个好状态既来自于对方的回报，也是自己给予的结果。善待别人，同时就善待了自己。朋友们不妨将最希望从他人那里得到的态度一条条写下来，扪心自问，而后便会想到别人同样有这些希望。所以，在这些条款上对他人慷慨大方，是处理人际关系的最正确态度。

5. 永远不忘欣赏他人

这条原则是己所欲而推及于人的首要注释。

每个人都希望得到理解与欣赏，得到欣赏是一个人在这个世界生活与奋斗的很大动力。小时候，父母的欣赏会使孩子积极兴奋地上进成长，老师的欣赏会使学生废寝忘食地努力学习。成年了，社会的欣赏是一个人工作的最大动力之一。善于欣赏他人，就是给予他人的最大善意，也是最成熟的人格。每个人都既坚强又软弱，在渴望欣赏这一点上，很天才的人其实也很软弱；如果得到的欣赏太稀缺，天才也会枯萎。

6. 诚信待人

诚信被人们谈了又谈，我们在此绝非人云亦云。因为我们深刻理解，善待别人就是善待自己。因此，诚信待人不仅为了在别人那里造成一种印象，也不仅为了塑造自己的美德与品牌，这种质朴自然真心流露的诚信，本身就是生活的需求。

在诚信待人的状态中，我们感到安详和思维的流淌通畅。诚信待人，诚信做事，可以使我们理直气壮，正气凛然，心胸开阔，心无挂碍。诚信不仅是一种待人的态度，本身就是生活的质量。诚信不是生活的手段，而是生活的目的。一个人能够诚信地生活，是因为他有着智慧，有着状态，有着条件。即使从世俗的角度来看，诚信也常常造就最杰出的成功。

7. 和气宽仁

古人讲和气生财。不仅在商业中，在方方面面，和气的性格都是成功的要素。

两个货摊卖同样的东西，一个摊主拉长着脸，一个摊主一脸和气，后者的生意肯定要好做得多。仅从经济学角度讲，买一份货，外搭一份和气，要远比买一份货，还得搭一张长脸划算得多。这么一看，和气也是含金的，和气也是商品。

和气待人与和气待己是一回事。和气待人，必然宽容。当我们和气宽仁地对待所有人时，就相当完整地和气宽仁地对待整个世界了。这个道理对朋友们自然无用多言，重要的不是停留在道理上，而要在实践中体验。如果你原本待人不和气、不宽仁，那不要紧，不需要强扭硬拽。只要一点点做起来，就好像做一种精神操，你会在每一次对别人的和气宽仁中体会心态的放松和开阔。于是，你就会更进一步和气宽仁。一个良性循环就渐渐改变了你。

8. 不靠言语取悦于人，而靠行动取信于人

在处理人际关系时，有些人急功近利，喜欢追求短期效应，恨不能讨好一切人，应酬好一切关系。其实这是无能的表现，因为靠它建立起的关系都是不牢靠的、虚假的。这个世界上人和人的聪明不差多少，短期效应的手法有可能奏效一时，但难以维持长久。按照正确的方式处理各种人际关系，是我们自然地流露，是我们长期的准则。相信别人总会理解和信任自己，即使有不理解不信任，也无所谓。只要端正心态、摆正姿态，所有的不理解、不信任也都只是暂时的。

9. 要锦上添花，更要雪中送炭

这是真正的助人为乐。当别人顺风扬帆时，虽不必随大流凑热闹，也要适当地表现自己的真诚。当别人需要帮助时，你要尽力去帮助。这是由彼观彼、善解人意的自然行为逻辑，是诚信待人的自然表现。

10. 以德报德，以直报怨

在生活中，有人有恩德于你，有人因伤害过你而有冤仇于你，应该如何对待这些德和怨？以德报德，该是没有疑义的。别人帮助了我们，我们自然要回报人家。对于怨呢？一种方式是以怨报怨。别人伤害了我，我要同等报复他。还有一种态度是以直报怨。别人伤害了我，我反过来还要给他笑脸和各种利益关照。 这两种态度摆在面前，你取哪一种？

你可能会先在理论上删去以怨报怨。那么，以德报怨是否就是很好的态度呢？当你抉择不下时，我们就可以说出古代圣人孔子回答的话了。

《论语》中有这样一段，或曰：以德报怨何如？子曰：何以报德？以直报怨，以德报德。这就是孔子的回答。有人问：以德报怨怎么样？孔子说：如果以德报怨，那你拿什么来报德呢？所以，孔子的结论是，应该以直报怨，以德报德。

当别人有恩德于我们时自然要回报恩德。当别人伤害侵犯了我们，既不以怨报怨，因为那样就降低了自己的水平，与别人的错误做法对等混战；我们也不以德报怨，因为那会使得这个世界没有是非，甚至可能助长罪恶。

以直报怨，就是用正直的态度来对待怨恨。以直报怨，这里包含着道义的谴责，包含着不降低自己水准与对方抗争的尊严，包含着既正义凛然又克制的沉默，还包含着一如既往诚信待人的基本信条。

处理人际关系的态度体系就这样完备地建立了。朋友们在实际生活中一定能体会到这种态度体系的作用。

竭尽全力把事情做好

要实现伟大的人生理想，就必须脚踏实地、认认真真地做好该做的每一件事。生命原本就有全力以赴的力量，把每件事都认真地做好，就会让你的生命充满惊奇。

人本来是很有潜能的。当你对一件事说尽力而为时，那么它成功的概率就会大大下降，当你对一件事全力以赴时，那么它几乎就已经接近成功。但是我们往往对自己或别人找借口："管它呢，我们已经尽力而为了。"事实上尽力而为是远远不够的，尤其是现在这个竞争激烈的年代，尤其是趁你还年轻的时候。不要总是说"我尽力而为"，那是精神上的畏惧，那是没有自信的体现。因此，我们做事时一定要全力以赴，不要尽力而为。

竭尽全力是指用尽全部力量，而尽力而为是指尽自己的最大力量。尽力而为强调力，竭尽全力强调竭。竭尽全力的思想总是让人不怕任何艰难，因为浑身都充满了干劲；尽力而为的思想则让人在遇到很大的困难时，很容易"知难而退"，而事实上，成功往往只需要咬紧牙关再加一次油而已。生活与工作中，不要过多地计较个人的得失，而要以一种积极的心态和满腔的热情去对待我们的生活与工作。因此做到要全力以赴，不要仅仅是尽力而为。

竭尽全力重在认真。“世界上怕就怕‘认真’二字。”只有最认真的人，才能创造出最优秀的产品。同样，也只有最认真的人，才会有最卓越的成就。只有我们认真地对待生活，生活才会认真地对待我们。对需要做的事情认真去做，这既是成功的必要条件，又是我们做人的本质要求。

1984年，张瑞敏接受海尔之后，面对76台质量不合格的冰箱，张瑞敏抡起铁锤，砸碎了它们。他所砸碎的不仅是不合格的冰箱，更是不认真的态度。从此海尔树立了认真做家电行业品牌的态度，开始了认真抓产品质量的品质管理。海尔通过砸碎不合格产品的事件，也让人们知道了海尔人认真对待产品质量的风格，在企业内部提升了职工的质量意识，在消费者中间树起了自己的信誉。

海尔还坚守“顾客永远是对的”这个服务理念，恪守着永远认真为顾客服务的作风。一位农民来信说自己的冰霜坏了，海尔马上派人上门处理，还带着一台新冰箱。赶了二百多公里到了顾客家，一检查是温控器没打开，打开了温控器就一切正常了。海尔管理层还就此进行认真的反思：绝不能埋怨顾客，海尔必须满足所有人的需求，要把说明书写得让所有人都能读懂才行。正是海尔人这种认真的风格成就了海尔这个著名的品牌。

竭尽全力、认真踏实地工作，是人生中一个既简单又深奥的哲理。认真做事就是“用心”做事。张瑞敏正是因为认真抓产品质量的品质管理，所以才走向了成功。

你也许有过这样的经历：尽力而为地努力工作，取得成绩后希望得到肯定和赏识，然而，由于种种原因，你并没有如愿以偿。这时，你应该如何克服内心里那重重的失落感呢？这时，我们不会叫你想开些，而是想建议你首先扪心自问一下：我的工作真的已经做得很到位很完美了吗？我真的已经竭尽全力了吗？也许我还可以在已经完成的工作上再努一把力。

我们也许应该明白，尽力而为地完成自己工作的人，最多只能算是一个称职的人。如果在工作中多努力一把，你就可能成为优秀者，如果继续再加努力，你就可能从优秀者成为卓越者。如此，就需要你把自己从一个“尽力而为”的人成长为“竭尽全力”的人。当你竭尽全力时，你到哪里都是一位受欢迎的人，因为竭尽全力的人会带动周围的人一起积极向上，把他们的工作做好。

任何一个组织都极其需要竭尽全力认真做事的成员，任何一名工作认真的员工都会更受现代企业的欢迎。那么，当你还是组织中的一员时，你就应该处处为组织着想，理解管理层的压力，抛开任何借口，全副身心地投入。认真的人，是最懂得在工作中时刻都努力为自己再“努力一把”的人，而他们也通过这种付出，锻炼出了超乎他自己想象的能力，同时也获得了超出自己期望的报酬。

一位经理在描述自己心目中的理想员工时说：“我们所急需的人才，是意志坚定，工作起来认真，有进取精神的人。我发现，最能干的大体是那些资历一般、没有受过高级教育的人，他们拥有认真的做事态度和永远进取的工作精神。做事认真的人获得成功概率大约占到九成，剩下一成的成功者靠的是天资过人。”

一个企业经营者做事一定是竭尽全力的，因为他知道，如果他不能创造利润，企业就会破产，所以他会竭尽全力。他也想睡觉，他也想休息，他也想陪家人，但是他却停留在市场上，因为他知道，如果某个机遇抓不住，所有他想要的都不会有好的结果，他就不能成功。无论做任何事，都要竭尽全力，因为它决定一个人日后事业上的成败。竭尽全力的人，还会为了自己的目标奋斗不止。一个人一旦领悟了全力以赴地工作的重要性，他也就掌握了打开成功之门的钥匙。

竭尽全力地投入工作需要满怀热忱。没有对工作的热忱，他就无法全身心地投入工作，就无法坚持到底，对成功也就少了一份执着；有了对工作的热忱，在执行中就不会斤斤计较，不会吝啬付出和奉献，不会缺乏创造力。

全力以赴不仅意味着拼命工作，同时还意味着满怀热情地克服自身的劣势因素。事实上，包括成功人士在内，每个人都有自己的不足，但成功者却通过全力以赴的工作精神，较为成功地克服或化解了自身存在的劣势。具体方法就是：客观看待并清醒认识自己的不足之处，然后采取行动立即加强劣势方面的学习及与他人合作，最关键的一点是漠视甚至完全消除劣势给自己造成的心理压力，以更从容、自信、严谨、专业的态度来倍加努力地开展工作。不受自己存在的劣势所困扰，就能够更有效地发挥优势，提升整体工作水平，更益于成功。

所以，我们要想获得成功，想让周围的朋友都尊重你，要想在竞争激烈的现代社会中立于不败之地，就必须知道尽力而为是不够的，只有竭尽全力才能赢得大家的尊重。竭尽全力地用心做事、用心待人，是我们的生活准则，也是给我们的人生带来快乐的本源，我们应该恪守认真，让认真伴我们走过一生。

现在，就是你新生命的开始，用不了多久，你将在各方面都取得成效，因为你正在竭尽全力；用不了多久，你就会拥有自由的人生和幸福的生活，因为你的生命充满惊奇！